Karl August Neuhausen · Norbert Oellers ·
Daniel Schäfer · Astrid Steiner-Weber
(Hrsg.)

Friedrich Schiller:
Über den Unterschied zwischen
entzündlichen und fauligen Fiebern

Lateinisch-Deutsch mit Erläuterungen und Glossar

J.B. Metzler

Hrsg.
Karl August Neuhausen (†)
Universität Bonn
Bonn, Deutschland

Norbert Oellers
Universität Bonn
Bonn, Deutschland

Daniel Schäfer
Universität zu Köln
Köln, Deutschland

Astrid Steiner-Weber
Universität Bonn
Bonn, Deutschland

ISBN 978-3-476-05749-5   ISBN 978-3-476-05750-1   (eBook)
https://doi.org/10.1007/978-3-476-05750-1

Die Deutsche Nationalbibliothek verzeichnet diese Publikation in der Deutschen Nationalbibliografie; detaillierte bibliografische Daten sind im Internet über http://dnb.d-nb.de abrufbar.

J.B. Metzler ist ein Imprint der eingetragenen Gesellschaft Springer-Verlag GmbH, DE und ist ein Teil von Springer Nature.
Die Anschrift der Gesellschaft ist: Heidelberger Platz 3, 14197 Berlin, Germany

INHALTSVERZEICHNIS

Editorische Vorbemerkung

Zum Abschluß seines Medizinstudiums an der Karlsakademie in Stuttgart legte Schiller der Prüfungskommission im November 1780 zwei Arbeiten vor. Der deutsch geschriebene „Versuch über den Zusammenhang der thierischen Natur des Menschen mit seiner geistigen" (vgl. Nationalausgabe, Bd 20, 37–75) wurde angenommen, die lateinisch geschriebene „Tractatio De Discrimine Febrium", die hier wiedergegeben ist, hingegen abgelehnt. Diese wurde zuerst 1876 in der von Karl Goedeke herausgegebenen historisch-kritischen Ausgabe der Werke Schillers (Bd 15 I, 382–417) veröffentlicht, wahrscheinlich nach der von Schiller geschriebenen Fassung, die Goedeke von dessen Tochter Emilie von Gleichen-Rußwurm überlassen worden war (vgl. Werke Schillers, Bd 15 I, V–VI und Bd 15 II, 1876, V–VIII; außerdem NA 22, 355). Diese Fassung kam später in die Preußische Staatsbibliothek Berlin; sie wird seit 1945 mit vielen anderen Dokumenten, die im Zweiten Weltkrieg nach Schlesien ausgelagert worden waren, in Krakau aufbewahrt. Nicht völlig ausgeschlossen ist allerdings, daß die schwer nachprüfbare Angabe von Herbert Meyer (NA 22, 355) stimmt, Goedekes Ausgabe beruhe auf einer „Kopie, die H. Dingeldey 1865 für Emilie von Gleichen-Russwurm angefertigt" habe. (Gemeint ist der Darmstädter „Schillerpfarrer" Hermann Dingeldey, 1825–1902.) Für diese Angabe können nicht so sehr die wenigen Fehler der Textwiedergabe sprechen, als vielmehr die auffallenden Abweichungen im Bereich der Schillerschen Fußnoten: Einige sind verkürzt, andere gar nicht wiedergegeben. Daß diese Mängel auf eine bewußte Entscheidung des gründlichen Philologen Goedeke zurückgehen, ist schwer vorstellbar. Möglicherweise hat er sich bei seiner Edition auf eine nicht ganz vollständige, heute verschollene Abschrift der ihm von Schillers Tochter geschickten Fassung verlassen.

Die im 20. Jahrhundert herausgegebenen Ausgaben der Werke Schillers (darunter die Nationalausgabe, Bd 22) enthalten den Text Schillers – wenn überhaupt – nach dem von Goedeke besorgten Erstdruck. Erst 2004 erschien im fünften Band der Schillerschen Hanser-Ausgabe (herausgegeben von Wolfgang Riedel) die Schrift mit einem deutlich verbesserten lateinischen Text nach der Krakauer Handschrift, transkribiert, übersetzt und erläutert von Irmgard Müller und Christian Schulze, unter Mitarbeit von Sven Neumann (S. 1055–1147 und 1314–1341).

Einige Jahre später fiel die Entscheidung, die Fieberschrift noch einmal nach der Handschrift Schillers mit einer verbesserten deutschen Übersetzung im Nachtragsband 43 der Nationalausgabe zu veröffentlichen und Erläuterungen hinzuzufügen, die dem neusten Stand der Forschung entsprechen. (Siehe die Vorbemerkung der Erläuterungen, S. 65–66.) Für die Mitarbeit konnten Astrid Steiner-Weber, Karl August Neuhausen und Daniel Schäfer gewonnen werden. Die Arbeit wurde im März 2019 abgeschlossen. Da nicht abzusehen war, wann Band 43 der Nationalausgabe erscheinen werde, weil vorangehende Bände noch nicht fertig waren, wurde von Mitarbeitern und vom Verlag angeregt, die Schrift gesondert zu veröffentlichen, in der Hoffnung, daß sie als Einzeldruck bei einem breiteren Publikum auf besonderes Interesse stößt.

Norbert Oellers

Friedrich Schiller

De discrimine febrium inflammatoriarum et putridarum

Über den Unterschied zwischen entzündlichen und fauligen Fiebern

De

Discrimine

Febrium inflammatoriarum et putridarum

———————

Tractatio

Auctore Joh. Christ. Frid. Schiller M. C°.

1780.

Über

den Unterschied

zwischen entzündlichen und fauligen Fiebern

Abhandlung

von Johann Christoph Friedrich Schiller, dem Kandidaten der Medizin.

1780.

Experientissimis scientiarum medicarum Professoribus in Academia militari
Præceptoribus æstimatissimis

———————————

Indulgeant artis medicæ Antistites temeritati juvenili, quæ Thema arduum e praxeos
medicæ centro pertractandum aggressa est. Equidem non ignoro, vix ac ne vix quidem   5
de Morborum Oeconomia rite statui posse, nisi viva eorundem cognitio ad lectos
ægrorum antecesserit; nec scientiam, hominum saluti innixam inani Theoria exhauriri
posse, facile credo. Ex quo vero veterum annalibus eruendis operam navavi, nil magis e
re esse ratus sum, quam eo tendam, ut bina Morbi genera, Inflammatorium puto et
Putridum, familiaria mihi redderentur, utpote quorum latissimum est in Praxi medica   10
dominium. Succurrebat amplissima Praxis Præceptoris Peritissimi, Domini Archiatri
D. Consbruch, quæ, dum magnam mihi Vim Casuum Clinicorum suppeditaverat,
experientiæ propriæ defectum quodammodo compensabat. Accedit, quod ex summa
Serenissimi Ducis benevolentia hoc anno concessum mihi fuerit, in Nosocomio
academico versari; morbosque, utut per singularem Dei providentiam huic Instituto   15
invigilantem, rarissimos atque mitissimos, a primo inde Insultu, ad extremam usque
defervescentiam studiose persequi, et Methodo medendi, qua exquisitissima pollet
doctissimus archiater Dominus D. Reuss, testem adesse mihi licuerit.

Vestris itaque humeris, Viri medici perfectissimi, insistens, generalem quandam
utriusque morbi Ichnographiam sistere ausus fui, quam plenam lacunis Examini Vestro   20
timidulus jam offerre annitor. Tironi vero medico dedecori non esse a Magistris corrigi;
nec nisi perfectiorem me Juvenem a Virorum consilio discessurum, persuasissimum
habeo.

Dat. Stutgardtiæ
1.ᵐᵒ Novembr. 1780.   25

                                              autor.

Den erfahrensten Professoren der medizinischen Wissenschaften in der Militärakademie,
den hochgeschätzten Lehrmeistern

———————————————

Nachsichtig seien die Meister der ärztlichen Kunst mit jugendlicher Verwegenheit, die
es unternommen hat, ein überaus schwieriges Thema aus dem Kernbereich der ärztlichen
Praxis eingehend zu behandeln. Jedenfalls weiß ich durchaus, daß kaum – ja nicht einmal
kaum – über die Ökonomie der Krankheiten etwas auf gehörige Weise festgestellt werden
kann, wenn man sie nicht vorher an den Krankenbetten lebensnah kennengelernt hat;
auch glaube ich, daß die Wissenschaft, die auf das Wohlergehen der Menschen ausge-
richtet ist, schwerlich aus leerer Theorie geschöpft werden kann. Seitdem ich mich nun
aber mit den Geschichtsbüchern antiker Autoren beschäftigt habe, bin ich zu dem Urteil
gelangt, daß nichts in größerem Maße von Vorteil ist, als selber darauf hinzuarbeiten,
mich mit zweierlei Krankheitsarten – die entzündliche meine ich und die faulige – ver-
traut zu machen, da ja deren Herrschaftsbereich in der medizinischen Praxis den weite-
sten Raum einnimmt. Zu Hilfe kam dabei die sehr umfangreiche Praxis meines höchst
fachkundigen Lehrmeisters, des Herrn Leibarztes Dr. Consbruch; sie hatte mir eine große
gewichtige Menge klinischer Fälle zur Verfügung gestellt und glich dadurch den Mangel
an eigener Erfahrung aus. Darüber hinaus ist es mir dank des höchsten Wohlwollens des
Durchlauchten Herzogs in diesem Jahr gestattet worden, mich im akademischen Krankenhaus aufzuhalten und die dank der irgendwie über dieses Institut sorgsam wachenden
einzigartigen Vorsehung Gottes nur sehr selten auftretenden und sehr milde verlaufenden
Krankheiten von ihrem ersten Anfall bis zu ihrem letzten Abklingen eifrig zu verfolgen,
und es war mir möglich, bei der Anwendung der Heilmethode, die als die vorzüglichste
gilt und die der hochgelehrte Leibarzt Herr Dr. Reuss beherrscht, als Zeuge anwesend
zu sein.

Auf eure Schultern mich daher stellend, ihr ganz vollkommenen Ärzte, habe ich es
gewagt, gewissermaßen einen allgemeinen Grundriß beider Krankheiten vorzulegen, den
ich trotz seiner erheblichen Lückenhaftigkeit furchtsam eurer Prüfung nun anzubieten
mich bemühe. Daß es jedoch für einen Lehrling der Medizin keine Schande ist, von
seinen Lehrern berichtigt zu werden, und daß ich als Jüngling aufgrund der Ratschläge
von Männern nur in erheblich verbesserter Gestalt von dannen ziehen werde, davon bin
ich völlig überzeugt.

Gegeben zu Stuttgart
am 1. November 1780

Der Verfasser.

§. 1.

Medicis, qui in luculenta praxi versantur, duo potissimum Febrium acutarum genera solent occurrere, quorum unum ab altero prorsus abhorret. Simplicius primum, at rigidius atrociusque aperto Marte in firmos decumbit, sed sub insidiis alterum, et sub specie benignitatis[1] malignum in labefactatos sese insinuat. Subito irruens illud, hoc subdole lentoque gradu obrepit. Nimio *primum* robore periculosum, fracto secundum. Id condensatos refert humores, hoc dissolutos. Prius in circulo sanguinis concipitur, posterius ex imo Ventre propullulat. Qua quidem idea perducti Medici, pro diversitate caussarum et indolis, huic Putridæ biliosæ, illi Febris Inflammatoriæ simpliciter sic dictæ nomen addere consueverunt. Cum vero contrariam unaquæque agnoscat medendi rationem, fieri non potuit, quin earundem confusio majorem longe hominum Vim pessumdederit, quam ipse pyrius pulvis, quare in praxi medica summi momenti est, oeconomiam utriusque specificam ac caracteres distinctivos ad normam Naturæ tradidisse, ut eo facilior ad ipsam denique Therapiam Via sternatur.

§. 2.

Priusquam in interiora tractationis demergamur, communia quædam quæ fundamento reliquorum inserviant, præmittenda censeo. Et quidem jam Sydenhamus, „(a) nil aliud esse Morbum asseruit, quam naturæ conamen materiæ morbificæ exterminationem in ægri salutem molientis. Verum tamen, pergit Vir magnus, cum sibi relicta est, vel nimio opere satagendo vel etiam sibi deficiendo „(obstando mallem)" hominem letho dat. Præclare sane istud pronunciatum est, ac summum ingenium practicum spirat, neque tamen absque limitibus assumendum vellem."[2] Missis omnibus quæ Stahliana sunt somnia de Nisu effectivo animæ intelligentis ad morbos subigendos, accuratius stabiliendum esse reor, quid sub Naturæ conamine medicativo intelligendum sit. Non certe, quod fortassis ex asserto Sydenhami deduci posset, Motus isti Naturæ expulsionem materiæ intendunt, qui nil aliud sunt, quam Commotiones Virium animalium, stimulum quendam præternaturalem sequentes. Fert enim prima lex in Corpore animato, ut Spiritus animales, simulac peregrinum quid eosdem contingit, densi nimiique ad locum stimulatum ruant, ac fibras irritabiles, ipsis subordinatas, ad vehementiores urgeant contractiones. Hæc[3] vero lex, tantum abest, ut in salutem hominis cedat, ut potius sola

(a) Sydenham. Oper. omn. Tom. 1. Sect. 1. cap. 1. De morbis acutis in genere.

---

[1]mali[beni]gnitatis   [2]*keine Abführungsstriche*   [3]Hac *(Schreibversehen)*

§ 1.

Ärzten, die in einer stattlichen Praxis tätig sind, begegnen gewöhnlich vor allem zwei Arten akuter Fieberfälle, deren eine von der anderen völlig abweicht. Die einfachere erste, jedoch härtere und schrecklichere Art befällt in offener Schlacht kräftige Menschen, aber
5 die andere schleicht sich mit Heimtücke und scheinbarer Gutmütigkeit bösartig bei Geschwächten ein. Jene Art dringt plötzlich ein, diese behelligt hinterlistig und mit langsamem Schritt. Durch allzu große Stärke ist die erste Art gefährlich, durch gebrochene die zweite. Die eine verdickt die Säfte, die andere macht sie dünnflüssig. Die erstere wird durch den Blutkreislauf erzeugt, die letztere sprießt aus dem untersten Teil des
10 Bauches hervor. Auf Grund dieser Vorstellung haben sich die Ärzte daran gewöhnt, entsprechend der Verschiedenheit der jeweiligen Ursachen und natürlichen Beschaffenheit der letzteren Art die Bezeichnung ‚galliges Faulfieber‘ beizulegen, jener dagegen die des einfach sogenannten ‚entzündlichen Fiebers‘. Da nun aber jedwedes Fieber ein gegensätzliches Heilverfahren erkennen läßt, war es eine zwangsläufige Folge, daß eine
15 Verwirrung eben dieser Methoden eine weitaus größere Anzahl von Menschen zugrundegerichtet hat als selbst das Schießpulver. Deshalb ist es in der medizinischen Praxis von höchster Bedeutung, das wesentliche Merkmal der beiden Fieberarten und ihre gemäß dem Gesetz der Natur unterschiedlichen Eigenschaften zu vermitteln, damit dadurch umso leichter der Weg zur Therapie geebnet wird.

20 ### § 2.

Bevor wir uns in die inneren Themen der Abhandlung versenken, halte ich es für notwendig, einige allgemeine Bemerkungen vorauszuschicken, die als Grundlage für alle übrigen Darlegungen dienen sollen. So versicherte ja z.B. schon Sydenham, „(a) Krankheit sei nichts anderes als ein Bemühen der Natur, wenn sie die Austreibung des krankmachenden Stoffes
25 zum Wohle des Kranken zu bewerkstelligen sucht. Aber dennoch, so fährt der große Mann fort, wenn sie sich selbst überlassen ist, liefert sie den Menschen dem Tod aus, indem sie entweder sich allzu eifrig mit dem Werk beschäftigt oder sich selbst erschöpft“ (ich würde eher sagen: indem sie sich selbst im Wege steht). Dies ist gewiß vortrefflich ausgedrückt und atmet einen höchst bedeutsamen praktischen Geist, aber dennoch dürfte man den
30 Ausspruch nach meiner Ansicht nicht ohne Einschränkungen übernehmen. Läßt man alle Träumereien eines Stahl über die wirksame Bestrebung der erkennenden Seele, die Krankheiten zu überwinden, beiseite, muß man, so glaube ich, genauer festlegen, was unter dem heilsamen Versuch der Natur zu verstehen ist. Diese Bewegungen der Natur zielen sicherlich nicht, was man vielleicht aus Sydenhams Behauptung ableiten könnte, auf die Vertrei-
35 bung des Stoffes ab, da sie nichts anderes sind als die Anregungen der Seelenkräfte infolge eines gewissen widernatürlichen Reizes. Das erste Gesetz in einem beseelten Körper hat nämlich zur Folge, daß die Seelengeister, sobald sie irgendetwas Fremdes berühren, in dichter Menge und übergroßer Zahl zu der gereizten Stelle strömen und die ihnen selbst untergeordneten reizbaren Fasern zu ziemlich heftigen Kontraktionen drängen. Dieses Gesetz
40 ist freilich so weit davon entfernt, sich heilsam auf das Wohl des Menschen auszuwirken,

(a) Sydenham, Sämtliche Werke, Band 1, Teil 1, Kapitel 1: Über die akuten Krankheiten allgemein.

sit eademque, quæ Morbos procreat, procreatos graves reddit ac internecinos. Non enim stases istæ exiguæ in pulmonicis vasis machinam nostram destruerent, quam centies millies destruxit naturæ molimen ad istas perfringendas. Non myasma in Sanguinem resorptum vitæ periculum induceret, at quoties induxit importunus Naturæ[1] impetus ad istud eliminandum? Non bilis in Intestinis fermentans putredinem tam cito subiret, 5 quam vero spastici Motus nervorum summopere accelerant. Negari quidem nequit, hostilem materiam per id ipsum, Naturæ conamen felici Crisi quodammodo expurgari, quod in Febribus Intermittentibus, quam plurimis, nec non in quibusdam ardentibus contingit, at quæso perpendant, an despumatione opus fuerit, si ebullitio non antecesserit?

Crisis enim non ideo expectata est, quod materia morbosa[2] terminis vasorum 10 proscribitur, sed quia proscripta materia[3] motus inordinati sedantur. Materia morbosa per se hostilis non est, hostilis redditur per Virium animalium turbas quas movet. In activo itaque Naturæ adversus morbosam materiam conatu et Morbus et Morbi gravitas collocata sunt. Melius ergo Morbum describimus per inordinatas Virium commotiones occasione stimuli præternaturalis; qui, si Circulo sanguinis inhæreat Febrem, si aliis 15 regionibus aut Convulsiones, aut Vomitus, aut Diarrhoeas aut alia producit. Omne quidem, quod Spiritus animales præter naturam lacessit stimuli[4] munere defungi potest, hinc quæ a foris intrant, quæ intus a suis finibus[5] aberrant, aut generatim a naturali Rhythmo declinant.

Coqui Materia dicitur, dum per citatiores motus vasorum aut circumacta, aut contrita, 20 disjecta, decomposita ea redditur; ut per naturales vias despumari, aut exhauriri par sit per factitias, quod quidem Crisin appellant. Quæ ergo Symptomata, durante Morbo, in conspectum veniunt, non ad eliminandam Materiam tanquam finem sibi præfixam emoliuntur, sed Materia, occasione horum Symptomatum, eliminari interdum potest, quod probe distinguendum est. Caveamus itaque ne luxuriose nimis de significationibus 25 Verborum Coctionis, Criseosque statuamus ac dogmata nostra a natura Morborum aberrent. Ego quidem per varios Errorum labyrinthos ad persuasionem tandem perductus sum, talem ordinem non esse in rerum natura, qualem in nostris compendiis concinnamus!

There are more things in Heaven and Earth
Than are dreamt of in our philosophy. 30

---

[1] *Reihenfolge von* Naturæ importunus *durch überschriebene Ziffern 2 und 1 geändert* [2]morbosa e
[3]materiæ**a** [4]setimuli [5]finib

daß es vielmehr das einzige und dasselbe ist, das Krankheiten hervorbringt, die hervorge-
brachten dann schwer und todbringend macht. Denn nicht diese geringen Stauungen in
den Lungengefäßen würden unsere Körpermaschine aus ihren Fugen reißen, die zur Durch-
brechung dieser Stauungen durch die gewaltige Anstrengung der Natur schon hundert-
tausendmal aus den Fugen gerissen wurde. Nicht ein ins Blut aufgenommenes Miasma
würde zu einer Lebensgefahr führen, aber wie oft führte dazu der ungestüme Trieb der
Natur, es zu beseitigen? Nicht würde die in den Eingeweiden gärende Galle so rasch in
Fäulnis übergehen, welche tatsächlich die krampfartigen Bewegungen der Natur in höchstem Maße beschleunigen. Zwar kann nicht bestritten werden, daß ein feindlicher Stoff
gerade durch diesen Versuch der Natur bei einer glücklich verlaufenden Krisis irgendwie
ausgeschieden wird, was bei den meisten Wechselfiebern sowie bei hitzigen Fiebern gelingt,
aber man möge bitte genau abwägen, ob ein Abschäumen nötig war, falls ein Aufwallen
nicht vorangegangen ist.

Die Krisis wurde nämlich nicht deshalb erwartet, weil der krankmachende Stoff an
den Gefäßenden verbannt wird, sondern da nach der Verbannung des Stoffes die ungeordneten Bewegungen zur Ruhe kommen. Der krankmachende Stoff an sich ist nicht
feindlich, feindlich wird er erst durch die Verwirrungen der Seelenkräfte, die er verursacht. Auf dem aktiven gegen den krankmachenden Stoff gerichteten Versuch der Natur
beruhen daher sowohl die Krankheit als auch die Schwere der Krankheit. Folglich
beschreiben wir die Krankheit besser durch die ungeordneten Erregungen der Kräfte
beim Auftreten eines widernatürlichen Reizes, der, falls er sich an den Blutkreislauf
anheftet, Fieber hervorbringt, falls in anderen Bereichen, entweder Krämpfe oder Erbrechen oder Durchfälle. Jedenfalls kann alles, was die Seelengeister reizt, die Funktion
eines Reizes erfüllen: somit dasjenige, das von außen eindringt, das innerhalb des
Körpers von seinem Gebiet abirrt oder das allgemein von seinem natürlichen Rhythmus
abweicht.

Gekocht wird ein Stoff, so sagt man, wenn er durch ziemlich rasche Bewegungen der
Gefäße entweder herumgetrieben oder aufgerieben, <wenn> er zertrümmert und entstellt
aus dem Körper ausgestoßen wird, daß er demgemäß über die natürlichen Wege abgeschäumt oder durch handwerkliche Maßnahmen ausgeleert wird, was man unstreitig
Krisis nennt. Diese Symptome kommen folglich im Verlaufe der Krankheit zum Vorschein; sie werden nicht zur Beseitigung des Stoffes – gleichsam zu dem ihnen vorge-
steckten Ziel – hervorgebracht, sondern der Stoff kann bei der Gelegenheit des Auftretens
dieser Symptome manchmal beseitigt werden, was man gehörig unterscheiden muß.
Hüten wir uns deshalb davor, daß wir allzu verschwenderisch über die Bedeutungen der
Begriffe ‚Kochung‘ und ‚Krisis‘ Feststellungen treffen und daß unsere Lehrmeinungen
von der Natur der Krankheiten abweichen. Ich jedenfalls bin durch die mannigfachen
Labyrinthe der Irrtümer schließlich zu der Überzeugung gelangt, daß die Ordnung in
der Natur der Dinge nicht so beschaffen ist, wie wir sie uns in unseren Lehrbüchern
zurechtlegen!

Da gibt es mehr Dinge im Himmel und auf Erden,
als man es sich erträumt in unserer Philosophie.

§. 3.

A Febre inflammatoria exordium mihi sumo. Eo quidem nomine insignitur Febris ardens continua, irruens cum Rigore, corporis profunda conquassante, quem dein excipit vehementior æstus, et pulsus velox et cum plenitudine durus, et dolor partis alicujus pulsatorius cum quibusdam functionibus læsis, quæ omnia, adaucto furore, intra spatium   5
quatuor dierum ad statum moventur.

Progressa[1] fuit Lassitudo Spontanea phlegmonoso-gravativa, cum ponderis quodam sensu in membris movendis, fugitivis per Corpus ardoribus, capitis dolore, pectoris oppressione, insomniis turbulentis, voracitate interdum nimia, a quibus omnibus proxime distat Febris ipsius dira Invasio.   10

§. 4.

De Caussis primo spectandum, quæ sunt aut antecedentes quæ disponunt, aut occasionales accessoriæ quæ cum prioribus junctim sumtæ gravem morbum progignunt. Caussa antecedens omni Febrium phlogisticarum cohorti communis P l e t h o r a habetur. Plethora quidem ex vulgari medicorum sententia justo major est Sanguinis in systemate   15
vasorum accumulatio, quam[2] ad sustinendum actionum vigorem requiritur. Certatum est, an plus sanguinis parari possit, quam sanitas hominis reposcit, dum humoris nobilissimi nullo tempore nimium haberi possit, dum abundante Virium fonte et Vires abundare necessum sit, dum abundantes Vires exaltatum potius quam fractum trahant vigorem et quæ reliqua sunt, caussis quæ ad plethoram disponunt, morbisque ad quos   20
ipsa disponit propius pensitatis, disparitura.

§. 5.

Plethora adultis potissimum innasci observatur, qui Ventri admodum indulgent, expedite digerunt, macilenti ceteroquin et rigidi Corpus validum vehementer exercent. Obesitas contra in eos potius decumbit adultos, qui Vitam tantis conviviis transigunt, nec minus   25
facile concoquunt, largo præterea otio corpus laxum reponunt.

Eo quidem tempore quo ulteriori incremento Solidorum Rigor obluctatur, humores, qui alioquin in partium nutritionem consumti fuerunt, nec jam inveniunt quo secedant, nec ideo parcius ac antea parantur in magnum Sanguinis circulum regurgitant. Qui si Musculorum vegeta[3] actione, animique vivaciori exercitio animatius exagitantur, ostia   30
quæ oleo sanguinis recipiendo ad vasorum parietes admota sunt rapidi nimis præterfluunt,

---

[1]Progressant̶ [2]quam̶ *(Streichung versehentlich?)* [3]ꞯvegeta

§ 3.

Mit dem entzündlichen Fieber nehme ich den Anfang. Mit diesem Namen bezeichnet man jedenfalls das kontinuierliche Brennfieber, das mit einer die Tiefen des Körpers erschütternden Kältestarre hereinbricht. Auf diese Starre folgt dann direkt
5 eine ziemlich heftige Gluthitze, ein schneller und harter Puls mit starker Füllung sowie ein pochender Schmerz irgendeines Körperteils mit gewissen verletzten Funktionen; dies alles wird mit gesteigerter Raserei innerhalb von vier Tagen zum Höchststand gebracht.

Vorangeschritten war eine plötzlich aufgetretene, entzündlich-beschwerende Ermat-
10 tung zusammen mit einem gewissen Schweregefühl bei der Bewegung der Gliedmaßen, mit fluchtartig den Körper durchziehenden Hitzewallungen, mit Kopfschmerz, Brustbeklemmung und unruhigen schlaflosen Nächten sowie mit manchmal allzu großer Gefräßigkeit, von welchen allen der unheilvolle Einfall des Fiebers selbst sehr nahe entfernt ist.

15   ### § 4.

Hinsichtlich der Ursachen ist zuerst zu betrachten, welche entweder dem Fieber vorausgehen und es bestimmen oder welche als Gelegenheitsursachen hinzutreten, die, mit den vorigen Ursachen in Verbindung gesetzt, eine schwere Krankheit hervorbringen. Als die vorausgehende Ursache, die der gesamten Gruppe der entzündlichen Fieber gemeinsam
20 ist, gilt die Blutüberfülle. Die Blutüberfülle ist jedenfalls nach der allgemeinen Auffassung der Ärzte eine Aufhäufung von Blut im Gefäßsystem, die ungebührlich größer ist als zur Erhaltung der Lebenskraft der Körperverrichtungen erforderlich. Man streitet darüber, ob mehr Blut produziert werden kann, als die Gesundheit des Menschen erfordert, da man doch von dieser edelsten Flüssigkeit zu keiner Zeit zu viel besitzen
25 könne, da bei einer überaus reichlich fließenden Kräftequelle notwendigerweise auch die Kräfte überaus reichlich vorhanden seien, da die überaus reichlich vorhandenen Kräfte eher eine erhöhte als eine gebrochene Lebensenergie nach sich ziehen dürften, und das, was übrig bleibt, werde – bei näherer Prüfung und Abwägung der Gründe, die zur Blutüberfülle führen, sowie der Krankheiten, zu denen sie selbst führt – verschwinden.

30   ### § 5.

Blutüberfülle entsteht, wie man beobachtet, vornehmlich bei Erwachsenen, die sich ihrem Bauch in hohem Grad hingeben, leicht verdauen, im übrigen schlank und kräftig sind sowie ihren starken Körper energisch üben. Fettleibigkeit dagegen befällt eher die Erwachsenen, die ihr Leben bei üppigen Gastmählern verbringen, nicht weniger leicht
35 durch Kochung verdauen und außerdem ihrem schlaffen Körper eine lange Ruhepause verschaffen.

Zu dem Zeitpunkt jedenfalls, bei dem einer weiteren Zunahme die Starre der festen Körperteile entgegensteht, finden die Säfte, die sonst für eine Ernährung der Körperteile verbraucht wurden, nicht mehr den Ort, wohin sie sich absondern könnten, und strömen
40 deshalb nicht weniger sparsam, als sie vorher produziert werden, in den Blutkreislauf zurück. Falls diese Säfte durch eine rege Betätigung der Muskeln sowie eine recht lebhafte Geistestätigkeit ziemlich heftig angeregt werden, fließen sie an den Öffnungen, die zur Aufnahme der öligen Bestandteile des Blutes in den Gefäßwänden angelegt worden sind, allzu rasch vorbei, und es bleibt keine Zeit, um sich in den Zellen abzusondern; wir

nec tempus secedendi in Cellulas datur, scimus enim ex physiologicis, Secretionem adipis nonnisi sub placidiori sanguinis rivo procedere posse. Accedit quod strictior Vasorum compages massam humorum valdopere compingat, calor[1] denique major, motusque vehementior difflato aqueo eandem condenset, quo fit, ut eo difficilius adeps a reliquo sanguine segregetur. Hinc remanebit in Vasis, et accumulabitur, hinc plethoræ natales.   5 Sin autem otiosis anima et corpore tardius atque tranquillius per laxiora vasa repant humores, nec calor inspisset, nec velocior circuitus partes aqueas fuget, adeps facillime in cessabiles cellulas exsudabit, quo facto Obesitas ingruit. Exinde patet, ab Obesitate Plethoram non differre nisi ratione inquilinæ[2] Receptivitatis, iisdemque præterea caussis respondere utramque, nemo vero Mortalium Obesitatem pro exaltata Sanitate agnovit.   10 Neque tamen Plethora morbis accensenda, ad quos saltem disponit.

Hinc in plethoricis turgida Vasa, atque stricta, compactior sanguis, oleosoque abundans principio, pulsus cum fortitudine magnus, Vis summa vitalis, animus ad Exæstuationes facillimus: hæc subsunt in Corpore inflammatoria Febre capiendo.

§. 6.   15

Caussæ occasionales duplicis generis occurrunt. Aut sunt exagitationes sanguinis nimiæ, quo referas animi pathemata ferociora, motus Corporis justo vehementiores, usum Calidorum vini præsertim ejusdemque spiritus, Venerem immodice celebratam, vigilias nimis protractas et alia; aut versantur circa obstaculum Circulo sanguinis obnitens, huc pertinent subitaneæ refrigerationes, hybernæ præcipue, aut aqua frigida[3] post æstivas   20 exæstuationes subito ingurgitata, retentus Mensium Hæmorrhoidumve fluxus, lactis recessus, spasmi varii tum idiopathici, tum consensuales, quin ipsæ Mechanicæ pressiones quales ex. gr. flatulentia facit, quæ omnia plethoram partialem formando operantur. Frequentissime plures ex caussis hisce enumeratis simul ad producendam inflammationem concurrunt. Nec genium epidemicum prætereas, nec stimulos locales quales sunt vulnera,   25 abscessus materiales, dum circumcingens ora phlogosin concipit, uti in Vomicis pulmonum hepatisve contingit, succi dein nimis acres, quod inflammationibus spasticis putridis ansam præbet, æstus foris admotus, quo Insolationem referas, corpora denique peregrina. Inflammationes symptomaticæ, etiamsi huc non pertineant, semper tamen[4] ex uno alterove horum fomitum subnascuntur.   30

---

[1]calore   [2]in quilinæ *(kein Trennungsstrich am Zeilenende)*   [3]aquam frigidam   [4]tamen s̶u̶

wissen nämlich aus der Physiologie, daß die Ausscheidung von Fett nur bei ziemlich
gemäßigtem Blutfluß erfolgen kann. Hinzu kommt, daß ein zu straffer Aufbau der
Gefäße die Masse der Säfte erheblich zusammendrückt, zu große Hitze schließlich sowie
zu heftige Bewegung durch Verdampfung des wässrigen Anteils diese Masse eindickt,
5 was bewirkt, daß sich um so schwieriger Fett vom übrigen Blut absondert. Daher wird
es in den Gefäßen verbleiben und sich dort anhäufen; hieraus entsteht die Blutüberfülle.
Wenn aber bei geistig und körperlich Untätigen die Säfte langsamer und ruhiger durch
die schlafferen Gefäße kriechen und weder die Hitze sich verdichtet noch ein schnellerer
Kreislauf die wässrigen Bestandteile vertreibt, wird sich das Fett sehr leicht in die trägen
10 Zellen ergießen, wodurch Fettleibigkeit eintritt. Daraus wird offenbar, daß sich die
Blutüberfülle von der Fettleibigkeit nur hinsichtlich der Art der Aufnahmefähigkeit im
Inneren des Körpers unterscheidet und daß außerdem beide denselben Ursachen entsprechen; kein Mensch jedoch hat Fettleibigkeit als Anzeichen erhöhter Gesundheit
anerkannt. Aber dennoch darf man die Blutüberfülle nicht zu den Krankheiten rechnen,
15 für die sie wenigstens eine Veranlagung besitzt.

Daher haben die Vollblütigen geschwollene und straffe Gefäße sowie ziemlich ver-
dicktes und von öligem Grundstoff überströmendes Blut, einen großen, kräftigen Puls,
höchste Lebenskraft und ein sehr leicht zu hitzigen Aufwallungen neigendes Gemüt.
Diese Eigenschaften liegen einem Körper zugrunde, der von einem entzündlichen Fieber
20 ergriffen wird.

§ 6.

Gelegenheitsursachen kommen in zweierlei Art vor. Entweder sind es allzu starke Erregungen des Blutes, wozu man zu ungestüme geistige Leidenschaften zählen kann;
übermäßig heftige Bewegungen des Körpers, die Einnahme erwärmender Getränke,
25 besonders von Wein und Branntwein, unmäßigen Liebesgenuß, allzu lange ausgedehnte
Nachtwachen und anderes. Oder sie treten im Bereich eines äußeren Hindernisses auf,
das sich dem Blutkreislauf widersetzt; hierzu gehören plötzliche Abkühlungen, vor
allem im Winter, oder kaltes Wasser, das nach den Erhitzungen im Sommer plötzlich
hinuntergeschluckt wird, der zurückgehaltene Fluß der Monatsblutungen oder der
30 Hämorrhoiden, der Rückgang der Milch, verschiedene bald ,idiopathische', bald ,kon-
sensuale' Krämpfe, ja sogar mechanische Pressungen, wie sie z.B. eine Flatulenz verursacht, welche Faktoren alle wirken, indem sie eine lokale Blutüberfülle hervorbringen.
Sehr häufig kommen von diesen hier aufgezählten Ursachen mehrere gleichzeitig zusammen, um eine Entzündung zu erzeugen. Auch darf man weder den ,Genius epide-
35 micus' übergehen noch örtliche Reizungen, wie es Wunden sind, stoffliche Absonderungen, während der sie umgebende Gewebesaum sich eine Entzündung zuzieht – wie
es bei Geschwüren von Lunge oder Leber eintritt –, sodann allzu scharfe Säfte, was
krampfartige faulige Entzündungen veranlaßt, ferner äußerliche Zufuhr von Hitze,
wozu man einen Sonnenstich zählen kann, und schließlich Fremdkörper. Symptoma-
40 tische Entzündungen, auch wenn sie nicht hierhin gehören mögen, wachsen dennoch
immer unter dem einen oder anderen dieser Zündstoffe hervor.

§. 7.

Nec tamen, quam diu Circulus sanguinis, utut citatissimus musculorum ope, per venas expedite adhuc absolvitur, nec ullibi resistentiam invincibilem offendit, locus dabitur Inflammationi.[1] Simulac autem sanguis, musculis ad quietem repositis, cum labore per Venas trahitur, et æquilibrium Circuitus arteriosi venosique aufertur; simulac aer frigidus 5 nudos pulmones infestans, aut aliud quid eorum quæ supra recensuimus vasorum minimorum systema constringit, nec ideo minus rapide per arterias sanguis adsiliat, eadem Vi qua appetit, repercutiatur necesse est, majoresque arterias a tergo distendat. Sed arteriæ rigidiores, jamque superfluo sanguine turgentes fortius obnituntur, qui Nisus per universum tractum Systematis arteriosi retrorsum ad Cor usque propagatur. 10

Jam vero Boerhaavius monuit, resistentiam stimuli loco esse, stimulum autem Spiritus animales densiore agmine ad loca stimulata rapere supra monitum est. Cor itaque majori sibi Virium parte vindicata validius celeriusque micat[2], plures atque majores eodem tempore emittit sanguinis undas, plus sanguinis ad locum cui obstaculum inhæret projicitur, dum semper minus expediri potest; Succurrit pervulgatum Phænomenon in 15 physicis, Vas quoddam angustiori ostio instructum, jam liquido quodam impletum ac subito inversum prorsus nihil initio emittere, dum liquor nimius versus ostium minus ruens sibi ipsi viam occludit. Idem in Vasis vivis sanguiferis contingit. Accedit quod spissior sanguis jam per se difficilius vasorum angustias traducatur. Hinc sanguis stagnabit in ultimis arteriolis; sed stagnatio in ultimis arteriolis Inflammationis nomen 20 exhaurit. (b)

§8.

Ineluctabile Impedimentum humorum circulo sese opponit; Vires animales in impetum aguntur, quasi peregrinum quid intus lacessat, ad quod abigendum omnis machina sese

(b) Quæ scilicet subito contingit, nam quæ lento gradu innascuntur vix inflammationis 25 nomen[3] accipient, dum febrem non moveant.

---

[1]Inflammationi. ~~(b)~~   [2]mica~~bit~~   [3]nomine *(versehentlich falsche Korrektur)*

§ 7.

Trotzdem wird einer Entzündung kein Raum gegeben werden, solange der Blutkreislauf, wie auch immer sehr rasch mit Hilfe der Muskeln beschleunigt, durch die Venen ungehindert geschlossen wird und nirgendwo auf einen unüberwindlichen Widerstand stößt. Sobald aber die Muskeln zur Ruhe gekommen sind, das Blut daher nur mit Mühe durch die Venen befördert und das Gleichgewicht von arteriellem und venösem Kreislauf aufgehoben wird, sobald kalte Luft, die in die entblößten Lungen eindringt, oder irgendetwas anderes von dem, was wir oben erläutert haben, das System der kleinsten Gefäße verengt und das Blut deshalb weniger reißend schnell durch die Arterien heranströmt, wird es notwendigerweise mit derselben Kraft, mit der es herandrängt, zurückgestoßen und die größeren Arterien in rückwärtiger Richtung ausdehnen. Aber die allzu starren und bereits durch den Überfluß an Blut angeschwollenen Arterien stemmen sich stärker dagegen, welche Anstrengung sich durch den gesamten Verlauf des Systems rückwärts bis zum Herzen fortsetzt.

Nun gab jedoch Boerhaave zu bedenken, der Widerstand sei wie ein Reiz, daß aber der Reiz die Seelengeister in ziemlich dichter Schar zu den gereizten Orten strömen läßt, wurde schon oben zu bedenken gegeben. Daher schlägt das Herz, nachdem es den größeren Teil der Kräfte für sich in Anspruch genommen hat, kräftiger und schneller, es sendet noch mehr sowie noch größere Blutwellen zur selben Zeit aus, und noch mehr Blut wird zu der Stelle geschleudert, wo das Hindernis steckt, während immer weniger weggeschafft werden kann. Dabei tritt ein in der Physik allgemein bekanntes Phänomen in Erscheinung, nämlich daß ein mit einer ziemlich engen Öffnung versehenes Gefäß, das bereits mit einer gewissen Flüssigkeit gefüllt war und dann plötzlich umgedreht wurde, anfänglich überhaupt nichts auslaufen läßt, solange die allzu große Flüssigkeitsmenge, die gegen die kleinere Öffnung stürzt, sich selbst den Weg verschließt. Dasselbe tritt in den lebendigen Blutgefäßen ein. Hinzu kommt, daß zu dickes Blut an sich schon schwerer durch Engstellen der Gefäße hindurchgeführt wird. Darum wird das Blut in den äußersten Arteriolen stocken, das Stocken in den äußersten Arteriolen paßt aber völlig zum Begriff der E n t z ü n d u n g . (b)

§ 8.

Ein nicht zu bewältigendes Hindernis stellt sich dem Kreislauf der Säfte entgegen; die Seelenkräfte werden zum Angriff getrieben, gleichsam als ob etwas Fremdes im Inneren reizt, zu dessen Beseitigung sich die ganze Körpermaschine rüstet, daher gehen

(b) Welche allerdings plötzlich auftreten, denn sich langsam heranbildende Stockungen können kaum mit dem Begriff „Entzündung" bezeichnet werden, da sie kein Fieber erzeugen.

accingit, hinc Algores præcurrunt (c). Sub frigore tantum abest, ut impedimentum dimoveatur, ut potius summa capiat incrementa. Algor enim cutaneis vasis constrictis ad interiora urget humores, in imo pulmone accumulat, plethoram internam partialem adauget (d) adauget inflammationem. Frigoris tempore pectoris gravatio, anxietas, pulsus minor, contractus, inæqualis, nauseosus aliquis sensus per Corpus universum. Rigorem   5 intercipit Æstus ipse, cujus vehementia inflammationis gradum, temperiem, sanguinis indolem, et vasorum rigiditatem sequitur. Jam pulsus impetuose[1] rapitur, durus ad instar serræ tangentis digitum secat, jam minimus est (e) jam ad plenitudinem quandam attollitur; ardet omne corpus; lingua, fauces, cutis arida; facies rutila Splendida; oculi flammescunt; caput punctorie dolet, ac si in partes mox dissiliret; sedes inflammata   10 dolorose pulsat; Spiritus gravius ducitur; sitit æger; prostratæ Vires motus Voluntarii, dum vis vitalis enormiter exaltata sit.

Simplicissima hæc Symptomata e speciali Inflammatoriæ Febris oeconomia fluunt. Dum vero sanguis crescente impetu atque copia, ad locum Inflammatum urgetur, nec ipsi rigidæ, angustæ, infarctæque cedunt arteriæ, magis atque magis ad modum Cunei   15 in illas impingetur, majus semper incrementum capiet Inflammatio. Crescente itaque

(c) Sydenham. De Horrore: „Et quidem ad exhorrescentiam quod attinet, ego illam exinde oriundam arbitror, quod materia febrilis, quæ nondum turgescens a massa sanguinea utcumque assimilata fuerat, jam tantum non solum inutilis verum et in- imica naturæ facta, illam exagitat quodammodo atque lacessit, quo sit ut naturali   20 quodam sensu irritata et quasi fugam molita, rigorem in corpore excitet atque hor- rorem aversationis suæ testem et indicem. Eodem plane modo quo potiones purgan- tes, a delicatulis assumtæ, aut etiam toxica incaute deglutita horrores statim inferre solent aliaque id genus Symptomata."[2]

(d) Aretæus. De curat. Pleurit. „Si refrigeratum Corpus animo destituitur[3] pulmoniam   25 invadere periculum est. Humores enim exteriori caliditate attractioneque privati, in penitiores relabuntur. Item pulmo rarus, calidus, ad trahendum valentissimus"[4] etc.

(e) Dum scilicet arteriæ sanguine nimio obfarctæ sunt ægrius contrahi possunt, minor ergo erit systole, minori systole et minor esse debet Diastole. Erit[5] ergo pulsus minor cum summa vasorum oppletione. Misso sanguine arteriæ expediuntur, et pulsus ad   30 magnam plenitudinem assurgit. Minor iste pulsus ab alio minori de quo deinde Sermo erit prorsus distinguendus est.

---

[1]impteetuose   [2]Symptomata. *(Abführungszeichen fehlt)*   [3]|des|tituitur   [4]valentissimus *(Abführungs- zeichen fehlt)*   [5]Diastole|.| ‹E›rit

Kälteschauer voraus. (c) Unter der Einwirkung der Kälte ist das Hindernis so weit
entfernt davon, beseitigt zu werden, daß es vielmehr seine größte Zunahme erreicht.
Die Kälte drängt nämlich nach der Verengung der Hautgefäße die Säfte in die inneren
Körperteile, häuft sie im innersten Teil der Lunge an, vermehrt die innere lokale Blutüber-
5 fülle (d), vermehrt die Entzündung. Zum Zeitpunkt der Kälte erfolgt eine Beklemmung
der Brust, ein Angstgefühl, ein kleinerer, gespannter und ungleichmäßiger Puls sowie ir-
gendeine Empfindung von Übelkeit im gesamten Körper. Unterbrochen wird die Kältestarre von der Hitze selbst, deren Heftigkeit sich nach dem Grad der Entzündung, der
Mischung, der Beschaffenheit des Blutes und der Härte der Gefäße richtet. Bald rast der
10 Puls heftig, schneidet hart nach Art einer Säge, die einen Finger berührt, bald ist er sehr
klein (e), bald erhebt er sich zu einer gewissen Fülle; es brennt der ganze Körper; Zunge,
Rachen und Haut sind trocken, das Gesicht glänzt rötlich, die Augen flammen auf, der
Kopf empfindet einen stechenden Schmerz, wie wenn er bald in Stücke zerspränge, die
entzündete Stelle klopft schmerzhaft, der Atem geht schwerer, der Kranke dürstet, darnie-
15 der liegen die Kräfte zu einer willentlichen Bewegung, während die Lebenskraft enorm
erhöht ist.

Diese sehr einfachen Symptome rühren her aus der speziellen Wesensart des entzündlichen Fiebers. Während jedoch das Blut mit wachsender Wucht und Menge zur entzünd-
ten Stelle gedrängt wird, ihm aber selbst die starren, engen und vollgepropften Arterien
20 nicht weichen, wird es gegen sie mehr und mehr wie ein Keil gestoßen werden, die Entzündung wird immer mehr zunehmen. Mit wachsendem Fieber wächst infolgedessen die

(c) Sydenham. Über das Schaudern: „Und was jedenfalls das Erschaudern angeht, so
glaube ich, daß dies daher entsteht, daß der fiebrige Stoff, der, noch nicht anschwel-
lend, von der Blutmasse wie auch immer assimiliert worden war, schon beinahe nicht
25 nur schädlich, sondern sogar der Natur feindlich geworden, sie gewissermaßen quält
und reizt, so daß er, durch eine Art natürliche Empfindung erregt und gleichsam
eine Flucht planend, Kälte im Körper und Schaudern erregt als Zeugen und Anzei-
ger seiner Abneigung. Genau auf dieselbe Weise, auf die abführende Tränke, von
ziemlichen Genießern eingenommen, oder auch unvorsichtig geschluckte Giftstoffe
30 sofort Schauder oder andere Symptome dieser Art hervorzurufen pflegen.“
(d) Aretäus. Über die Heilmethode bei Brustfellerkrankung. „Wenn ein abgekühlter
Körper das Bewußtsein verliert, besteht die Gefahr, daß eine Lungenentzündung
eintritt. Die Säfte, der äußeren Wärme und Anziehung beraubt, gleiten nämlich
weiter ins Innere zurück. Die Lunge ist gleichfalls weitmaschig, warm, äußerst stark
35 darin, etwas an sich zu ziehen“ usw.
(e) Solange allerdings die Arterien, durch zu viel Blut verstopft, sich nur mit größerer
Anstrengung zusammenziehen können, wird folglich die Systole geringer sein, die
Diastole muß durch die geringere Systole auch geringer sein. Der Puls wird folglich
schwächer sein bei gleichzeitiger größter Anfüllung der Gefäße. Nach einem Aderlaß
40 sind die Arterien befreit und der Puls steigt zu großer Fülle an. Jener schwächere Puls
ist von einem anderen schwächeren, von dem anschließend die Rede sein wird, ganz
genau zu unterscheiden.

Febre crescit Inflammatio; Febris crescit crescente Inflammatione; Hinc Febris phlogistica se ipsam exacerbat, quæ egregia ista Stahliana Autocratia est.

Quo vehementius Febris ebullit, eo plures simul partes in consensum trahuntur. Mitto omnia, quæ Specialioribus Inflammationis locis adstriguntur; non enim sermo est de Pleuritide, aut Peripneumonia, aut Erysipelate, ubi generales Febris phlogisticæ caracteres 5 traduntur. Urina rara, flammea, urens sub mictione. Dum enim sanguis durante æstu, turbido modo rotatus, impetuose nimis versus Cribrum renale[1] accurrat, fieri non potest, quin[2] globuli sanguinei de reliqua massa abrepti una cum urinis in ductus uriniferos transiliant, urinam rubicundo tincturi colore. Urina alcali volatile acerrimum secum fert, quod ex combinatione elementi salini cum Inflammabili principio sub Ardore Febris 10 evoluto procreari videtur.

Nec non transpiratio Sanctoriana per omne Incrementi Stadium intercepta venit. Dum enim sanguis phlogistice condensatus per angustissima Colatoria hujus ostiola trajici recuset, sibique ipsi, ob impetum quo jactatur, viam obruat obstruatque, in systemate vasculorum Cutis microscopicorum irretitus hærebit ac Inflammationis 15 prætereuntis simulacrum quoddam exhibebit. His efficitur ut minores arteriolæ luculentius pulsent, et ardor præternaturalis quasi pannis calidis perfricuisset, in omni Cutis superficie sentiendum se præbeat. Quos ergo transpiratione insensibili[3], aut profusis intempestivis sudoribus difflasset humores, obstructis Viis in sanguinis circulo recludit, hoc unum est quod boni natura molitur. Id ipsum enim aquosum principium in sanguine 20 remanens, diluendo ipsi spisso summopere inservit.

Eadem quæ Cuti, pari modo et Intestinis contingit, et faucibus, et quod probabile est universo systemati exhalantium vasorum. Hinc alvus tarda non nisi sicciora dejicit et compacta. Hinc summa aquosorum cupido, acidorum præcipue, quippe quæ Alcalinum principium per Calorem liberatum quam optime corrigunt. Hinc aversatio omnium, 25 quæ solidiorem sanguinis partem adaugent.

Quoniam vero negotia Coctionis et Secretionis non possunt succedere nisi sub naturali motus calorisque gradu, simulac hunc natura excedat, non potest non malum insigne malum in Oeconomiam Coctionum redundare. Hinc et Digestio labem contrahit, alimenta cruda Ventriculum obsident, Bilis secretio turbatur. Sic comprehendo, quo fiat 30 ut simplicissimæ Febres phlogisticæ gastricarum specie fallant, ut oris amaritiem faciem icterodem, mucosas fauces, quin Flatulentiam aut Diarrhoeas adsciscant. Hæc vero symptomata modo accessoria sunt, non primitiva, nec in methodo medendi propriam principialem[4] Indicationem sibi vindicant.

---

[1]renate *(Schreibversehen)*   [2][quin]   [3]insensili *(Schreibversehen)*   [4]principilem *(Schreibversehen)*

Entzündung, das Fieber wächst mit wachsender Entzündung. Daher verschärft das ‚phlogistische' Fieber sich selbst, welches diese hervorragende ‚Stahlsche Selbstherrschaft' ist.

Je heftiger das Fieber brodelt, desto mehr Körperteile werden in Mitleidenschaft gezogen. Ich lasse alles beiseite, was durch die spezielleren Entzündungsstellen in An-
5   spruch genommen wird; denn die Rede ist hier nicht von der Brustfell- oder Lungen-fellentzündung oder von Wundrose, wenn allgemeine Eigenschaften des entzündlichen Fiebers dargelegt werden. Der Harn fließt spärlich, ist feuerrot und brennt beim Was-serlassen. Während sich nämlich das Blut bei andauernder Hitze wirbelartig dreht und allzu ungestüm dem Nierenfilter zuströmt, springen notwendigerweise die von der üb-
10   rigen Masse weggerissenen Blutkügelchen zusammen mit der Urinflüssigkeit weiter in die Harnleiter, um dann den Urin rötlich zu färben. Der Urin führt sehr scharfes flüchtiges Laugensalz mit sich, das anscheinend aus der Verbindung des salzigen Elements mit dem entzündlichen Grundstoff erzeugt wird, der sich unter der Einwirkung der Fieberglut entwickelt hatte.

15   Auch die von Santorio beschriebene Ausdünstung ist im gesamten Verlauf der Zu-nahme der Krankheit unterbrochen. Während sich nämlich das entzündlich eingedickte Blut weigert, durch die sehr engen kleinen siebartigen Öffnungen geworfen zu werden und wegen der Wucht, mit der es geschleudert wird, sich selbst den Weg verbaut und versperrt, wird es im System mikroskopisch kleiner Hautgefäße vernetzt hängenbleiben
20   und gewissermaßen ein Abbild einer vorübergehenden Entzündung bieten. Dadurch wird bewirkt, dass die kleineren Arteriolen kräftiger pulsieren und sich eine widernatür-liche Hitze auf der gesamten Hautoberfläche zeigt, gleichsam als ob sie mit heißen Tü-chern abgerieben worden wäre. Diejenigen Säfte also, die sie durch eine unmerkliche Ausdünstung oder durch unzeitige Schweißausbrüche hätte verdunsten lassen, schließt
25   sie nach Absperrung der Wege wieder in den Blutkreislauf ein – das ist das einzige, was die Natur an Gutem bewerkstelligt. Denn eben dieser im Blut verbleibende wässrige Grundstoff dient gerade der Verdünnung der eingedickten Masse.

Dasselbe wie auf der Haut tritt in gleicher Weise auch in den Eingeweiden und im Schlund sowie, was wahrscheinlich ist, im gesamtem System der Atemgefäße auf. Daher
30   ist der Stuhlgang verzögert und setzt nur Trockeneres und Kompaktes ab. Daraus entsteht stärkstes Verlangen nach Getränken, vorwiegend sauren, da sie ja den durch die Hitze freigesetzten alkalischen Grundstoff aufs wirkungsvollste verbessern. Daher die Abnei-gung gegen alles, was den festen Bestandteil des Blutes vermehrt.

Weil jedoch die Vorgänge der Kochung und Ausscheidung nur bei einem natürlichen
35   Grad von Bewegung und Wärme erfolgen können, muss sich, sobald die Natur davon abweicht, notwendigerweise ein Übel, und zwar ein hervorstechendes Übel, auf die Öko-nomie der Kochungen übermäßig auswirken. Daher zieht auch die Verdauung Unrat zusammen, rohe Nahrung bleibt im Magen liegen, die Gallenausscheidung wird gestört. So verstehe ich, wodurch es geschehen kann, daß die einfachsten entzündlichen Fieber
40   Magenfieber vortäuschen können, indem sie den bitteren Geschmack im Munde, ein gelbsüchtiges Gesicht, einen verschleimten Rachen, ja sogar Blähungen und Durchfälle auslösen. Diese Symptome sind jedoch nur hinzutretende, nicht erstrangige, und bei dem Verfahren der Heilung beanspruchen sie für sich keine eigene primäre Heilanzeige.

§ 9. Actionibus naturalibus ac vitalibus læsis superveniunt læsæ animales. Jam enim initio Febris intentæ vigiliæ, nox turbulentis tracta insomniis, quæ plerumque, quod memorabile, et cujus ipse exemplum vidi, circa ignes et incendia versantur. Febre vehementer perstante ipsa deliria, furiosa præcipue, accedunt, cum tendinum subsultu, quin universalibus interdum convulsionibus quod vero rarum est atque pessimum (f). Dantur, qui delirium 5 non admittunt, nisi ex imo ventre sympathicum multisque sententiam speciosis adornant ratiunculis, sed Clarissimorum ac fide dignissimorum Artis principum experientia me quidem edocuit jam solam sanguinis[1] exæstuationem per Carotides Cerebrumque sufficere deliriis producendis. Quid enim Ebrietas aliud, quam delirii species? quo[2] vero alio modo Vinum agit, quam sanguinis exagitatione? Certe quidem exorbitatio sanguinis 10 Convulsiones excitavit (g) idem vero principium, quod convulsiones, etiam[3] Deliria progignere valet, quum utrumque e cerebro prodeat.

§. 10. Ingravescentibus symptomatibus quas[4] jam recensuimus, novisque semper stipatis ad suum usque fastigium Febris phlogistica[5] excurrit. Nulla intermissionis spes, dum caussæ quæ febrem fovent continenter perdurent, quin Exacerbationes antevertentes ac 15 diutius persistentes plus semper de Remissionibus detrahant, donec[6] tandem penitus quasi coalescant. Quæ dum aguntur Organa vitalia gravius luctantur, Vitæque summa pernicies instat. Quum enim immanis ista sanguinis copia, quæ Vi Febris pulmones imos subierat, per venas pulmonales in Cor posterius trajici recuset, aorta justo minus accipiet, nec poterit non omne Systema circuli majoris inopia sanguinis laborare, dum minorem 20 summa premat partialis plethora. Hinc pulsus sub hoc tempore tangendus parvus erit quin minimus, qui vero pulsus cum summo[7] luctamine Respirationis ac idearum perversione conjunctus Febrem inflammatoriam ad Statum pertigisse testatur.

2)[8] (f) Experientissimus Præceptor D. Consbruch observavit Venæ jugulari sectæ in Lethargico Convulsiones successisse, pacato sanguinis impetu per caput disparentes. 25 Certe subitanea revulsio his convulsionibus ansam præbuit.

1)[9] (g) Ex ardoribus vehementibus Convulsio aut distentio, malum Hipp. Aphor. S. VIIa. XIII.

---

[1]sanguis *(Schreibversehen)* ²vquo ³etiā ⁴quæ *(Schreibversehen)* ⁵phlogistia *(Schreibversehen)* ⁶q donee ⁷summao ⁸]2)] ⁹]1)]

§ 9. Zu den Verletzungen der ‚natürlichen‘ und der ‚vitalen‘ Aktionen kommen Verletzungen der ‚seelischen‘ hinzu. Schon beim Beginn des Fiebers sind es nämlich angestrengte Nachtwachen, eine durch unruhige Träume hingezogene Nacht, die meistens – was bemerkenswert ist und wofür ich selbst ein Beispiel gesehen habe – mit
5 Feuer und Brand zu tun haben. Dauert das Fieber heftig an, kommen selbst Delirien hinzu, vor allem rasende, zusammen mit Sehnenhüpfen, ja sogar bisweilen mit Krämpfen, die den gesamten Körper ergreifen, was allerdings selten vorkommt und sehr schlimm ist (f). Es gibt einige, die ein Delirium nur gelten lassen, wenn es in Hinsicht auf den tiefsten Bereich des Bauchs ‚sympathisch‘ ist, und sie schmücken ihre Ansicht
10 mit eindrucksvollen Spitzfindigkeiten aus, aber die Erfahrung der berühmtesten und vertrauenswürdigsten Meister der medizinischen Kunst hat mich jedenfalls gelehrt, dass allein schon die Erhitzung des Blutes ausreicht, um auf dem Weg über die Halsschlagadern und das Gehirn Delirien hervorzurufen. Was anderes ist nämlich Betrunkenheit als eine Form von Delirium? Auf welche andere Art und Weise wirkt tatsächlich Wein
15 als durch Erregung des Blutes? Mit Sicherheit erregt jedenfalls nach der bisherigen Erfahrung eine Ableitung des Blutes Krämpfe (g), und derselbe Grundstoff, der Krämpfe erzeugt, vermag auch Delirien hervorzubringen, da beides aus dem Gehirn hervorgeht.

§ 10. Verschlimmern sich die Symptome, die wir erläuterten, und haben sich immer
20 neue angehäuft, eilt das entzündliche Fieber fortwährend zu seinem Höhepunkt. Es gibt keine Hoffnung auf eine Unterbrechung, sofern die Ursachen, die das Fieber fördern, unablässig andauern, ja sogar die vorausgegangenen und länger anhaltenden Verschärfungen immer mehr die Möglichkeiten eines Nachlassens verringern, bis sie schließlich gänzlich sozusagen miteinander verschmelzen. Während dieser Vorgänge kämpfen die
25 lebenserhaltenden Organe ziemlich schwer, und dem Leben droht größtes Verderben. Da nämlich die besagte ungeheure Blutmenge, die durch die Kraft des Fiebers in die tiefsten Bereiche der Lunge eingeströmt war, sich weigert, in den hinteren Bereich des Herzens weitergeleitet zu werden, wird die Aorta weniger, als es angemessen wäre, aufnehmen, und zwangsläufig leidet das ganze System des größeren Kreislaufs unter einem
30 Blutmangel, während auf den kleineren Kreislauf in höchstem Maße eine lokale Blutüberfülle Druck ausübt. Deshalb wird der zu diesem Zeitpunkt tastbare Puls schwach, ja sogar sehr klein sein. Dieser Puls ist mit stärkstem Ringen nach Atmung sowie mit einer Verwirrung der Gedanken verbunden und beweist damit vollends, daß das entzündliche Fieber seine volle Ausprägung erreicht hat.

35 2) (f) *[recte g]* Mein überaus erfahrener Lehrer Dr. Consbruch hat beobachtet, daß einem Drosselvenenschnitt bei einem Schlafsüchtigen Krämpfe folgten, die nach Beruhigung des Blutandrangs durch den Kopf verschwanden. Mit Sicherheit hat die plötzliche Ableitung des Blutes den Anstoß zu diesen Krämpfen gegeben.
1) (g) *[recte f]* Aus heftigen Fieberhitzen entstehen Krampf oder Verzerrung, ein Übel
40   – Hippokrates, Aphorismen, Teil 7, 13.

§. 11. Et hic quidem filum descriptionis abscindo, ad ipsam medendi rationem quæ jam prono alveo fluit, procedens. E symptomatibus, quæ urgent ad opem ferendam, sequentia potissimum exstare[1] vidimus:

I. Plethoram universalem et partialem

II. Sanguinem spissiorem.

III. Æstum vehementiorem.

IV. Colatoria occlusa.

Quibus quatuor momentis quatuor indicationes respondent.

I. Sanguis detrahendus.

II. – – – – resolvendus

III. Corpus refrigerandum.

IV. – – – aperiendum.

§. 12. Rerum faciendarum summa in sanguinis missione collocata est. <u>Primo</u> quidem quæ morbo atroci ansam dederat plethora universalis, vix alia methodo cohiberi potest; sed in acutioribus morbis, quæ generalis regula est in praxi medica, non[2] tam ad caussas morbi remotas prædisponentes, quam ad symptomata, quæ gravius instant, respiciendum est. Sunt autem pectoris angustiæ, quæ e consortio reliquorum dirissimæ sese efferunt, oriundæ ab impedito circulo minori per pulmones. Est vero plethora venosa, quæ arterioso circulo obnixa actiones Cordis et vasorum ad excessum perduxit. Est denique excessivum Robur partium vitalium, quod vasa sanguine obfarciendo, inflammationem continuis subsidiis succendit. Misso sanguine Vires nimiæ infringuntur, plethora diminuitur, Pectus liberatur; Dimoto obstaculo arteriosus sanguis expeditur, liberius per sua vasa fluunt humores.

§. 13. Sanguis extractus, loco frigidiori repostus, crustam in superficie contrahit, albugineoflavam, instar sebi liquati spissam, reliquo Cruori supernatantem, Inflammatoriam dicunt, sive pleuriticam. Litigatum est, quænam sanguinis partes ad Crustam pleuriticam constituendam concurrant, et adhuc sub judice lis est. Sunt qui existimant serum esse coagulatum, sunt qui lympham concretam, sunt alii qui pinguedinem esse contendunt. Operæ[3] pretium est experimenta quædam, quæ circa sanguinis miscelam nuperrime instituta sunt, et ad materiem hanc illustrandam facient, paucis hic recensere.

Hewsonus et Moscati (h) Sanguinem tribus partibus constitutivis conflari, sero scilicet, lympha, et globulis, ad amussim demonstraverunt. Serum calore aquæ fervidæ,

(h) Peter Moscati Neue Beobachtungen über das Blut, und über den Ursprung der thierischen Wärme. übersezt von Köstlin. 1780.

---

[1] ext|s|tare [2] nont [3] Opere *(Schreibversehen)*

§ 11. So reiße ich hier jedenfalls den Faden der Beschreibung ab, indem ich zum Heilverfahren selbst fortschreite, das schon in einem sich leicht neigenden Flußbett fließt.
Wir haben gesehen, daß von den Symptomen, die zu einer Hilfeleistung drängen,
hauptsächlich die folgenden vorkommen:

5   I. Blutüberfülle, die den Körper insgesamt und teilweise betrifft
II. Zu dickes Blut.
III. Zu heftige Hitze.
IV. Verschlossene Poren.
Diesen vier Befunden entsprechen vier Heilanzeigen.

10   I. Blutentzug.
II. Verdünnung <des Blutes>
III. Abkühlung des Körpers.
IV. Öffnung <des Körpers>.

§ 12. Der Schwerpunkt der Maßnahmen, die zu ergreifen sind, liegt auf dem Aderlaß.
15 <u>Zuerst</u> kann jedenfalls die generelle Blutüberfülle, die der gräßlichen Krankheit den
Anlass geboten hatte, kaum mit einer anderen Methode eingedämmt werden; aber bei
akuteren Krankheiten, was die allgemeine Regel in der ärztlichen Praxis ist, muß man
nicht so sehr auf die entfernten, sie vorherbestimmenden Ursachen Rücksicht nehmen
als vielmehr auf allzu schwerwiegende bedrohliche Symptome. Es gibt aber Brustbeklem-
20 mungen, die sich aus der Gruppe der übrigen Symptome als die verhängnisvollsten
hervortun, ausgehend von einer Behinderung des kleinen Kreislaufs durch die Lungen.
Es gibt in der Tat eine venöse Blutüberfülle, die durch ihren Widerstand gegen den ar-
teriellen Kreislauf die Tätigkeiten des Herzens und der Gefäße zum Exzess brachte.
Schließlich gibt es eine übertriebene Kraftanstrengung der lebenserhaltenden Teile, die,
25 indem sie die Gefäße mit Blut vollstopft, die Entzündung durch ständigen Nachschub
anfacht. Durch den Aderlaß werden die übermäßig starken Kräfte gebrochen, die Blutüberfülle vermindert und die Brust befreit. Nach Beseitigung des Hindernisses löst sich
wieder das arterielle Blut, und freier fließen die Säfte jeweils durch ihre Gefäße.

§ 13. Wird das entzogene Blut an einem ziemlich kühlen Ort aufbewahrt, zieht es sich
30 auf seiner Oberfläche zu einer weißgelblichen, nach Art eines verflüssigten Talgs eingedickten und auf der übrigen Blutmasse schwimmenden Kruste zusammen; man nennt
sie eine entzündliche oder pleuritische. Umstritten ist, welche Teile des Blutes zusammen-
wirken, um eine pleuritische Kruste zu bilden, und bis heute liegt der Streit vor Gericht.
Einige halten sie für geronnene Blutflüssigkeit, einige für eine geronnene Lymphe, andere
35 behaupten, es sei Fett. Es ist der Mühe wert, hier mit wenigen Worten einige Experimente
zu erläutern, die bezüglich der Blutmischung in jüngster Zeit durchgeführt worden sind
und zur Veranschaulichung der vorliegenden Materie beitragen werden.
     Hewson und Moscati (h) haben genau nachgewiesen, daß sich das Blut aus drei
wesentlichen Bestandteilen zusammensetzt, nämlich aus Blutflüssigkeit, Lymphe und
40 Kügelchen. Daß Blutflüssigkeit durch die Hitze kochenden Wassers sowie durch schwe-

(h) Peter Moscati Neue Beobachtungen über das Blut, und über den Ursprung der
thierischen Wärme. übersetzt von Köstlin. 1780.

acidis vitriolicis et spiritu vini coagulum subire jam Hewsonus docuit. Adjecit Moscati
jam solum Ignem fixum (fuoco-solido) ad Serum coagulandum sufficere. Docuerunt
ipsum experimenta, Serum hominis Calce viva injecta, sub campana vitrea sine omni
Effervescentia intra octodecim aut viginti horas inspissari, ut nec Campana percalescat,
nec impositus Thermometer nisi ad unum duosve Caloris gradus assurgat. Lympha   5
contra, quam Illustrissimus[1] Gaubius sub fibra sanguinis jam comprehendit, in aëre
atmosphærico coit, sed addito igne, sive id fixum sit, sive fluidum, attenuata fluit, nec
non citius Sero computrescit – Globuli denique neque coagulum concipiunt, neque
dissolvuntur, quos saltem Lympha coercet atque suspendit. Globuli isti in consortio Ignis
fixi sanguini colorem conciliant, ita ut sanguis quo majorem inflammabilis principii   10
copiam continet, eo magis ad fuscedinem quin nigritiem, quo minorem, eo magis ad
pallorem viriditatemque[2] accedat.

Ex his experimentis colligit Moscati: I. Serum in febribus Inflammatoriis coagulum
subire posse etiamsi Calor febrilis utut vehementissimus calorem aquæ ferventis nunquam
attingat. II. Lympham in morbis phlogisticis attenuari, coire autem in frigidis: hinc errare,   15
qui sanguinem inflammatorium condensatum perhibeant, dum Cruor potius dissolutus
sit. An vero valet conclusio a Lympha dissoluta ad sanguinem dissolutum? Annon ipse
Vir sagacissimus nos docuit, Serum sub eo gradu caloris coagulari, quo Lympha fluat?
Annon ipse aquosa et temperantia dissolvendo Sero in morbis phlogisticis commendat?
– Ipse quidem per sua experimenta confirmavit, Sanguinem pleuriticorum ob Serum   20
coagulatum Spissiorem reddi, etiamsi Cruor tenuior sit. Pergit observator. III. Crustam
inflammatoriam, polypos Cordis et majorum arteriarum, pus, thrombos[3] venarum,
pituitam nil aliud esse, quam Lympham attactu aëris frigidi concretam, quæ omnia in vasis
vivis fluida sint. IV. Æquilibrio inter Ignis fixi generationem ejusdemque Excretionem
justam sanguinis mixtionem inniti, ita ut excessiva illius generatio et accumulatio ad   25
Morbos phlogisticos, justo vehementior ejus extricatio ad[4] morbos putridos, justo major
ejusdem penuria ad[5] morbos frigidos disponat. Equidem ex his omnibus concludo, serum
spissescere in Phlogosi, Lympham in Levcophlegmatia; in his Serum, Lympham in illis
dissolvi. Oleosum sanguinem ideo Phlogosi favere, quod principium inflammabile Sero
coagulando suppeditat. – Jam vero e diverticulo in viam.   30

§. 14. Institutam Venæsectionem, si Euphoria exoptata fefellerit, reiterandam suadeo,
donec aut Remissio Febris finem imponat, aut fracta Vis vitalis interdicat. Quamdiu

---

[1] Illustriss.   [2] viridatemque *(Schreibversehen)*   [3] trombos *(Schreibversehen)*   [4] |ad| [5] |ad|

felhaltige Säuren und Weingeist einer Gerinnung unterliegt, hat schon Hewson gelehrt.
Moscati fügte hinzu, dass schon allein ‚festes Feuer' (fuoco solido) genügt, um Blutflüssigkeit gerinnen zu lassen. Experimente lehrten ihn selbst, daß die Blutflüssigkeit eines
Menschen nach Zusatz von gebranntem Kalk unter einer Glasglocke ohne jede Aufwallung innerhalb von achtzehn oder zwanzig Stunden sich verdickt, so daß weder die
Glocke sich erwärmt noch ein hineingelegtes Thermometer um mehr als ein oder zwei
Wärmegrade ansteigt. Die Lymphe dagegen, die der hochberühmte Gaub bereits als
Faserstoff des Blutes verstanden hat, gerinnt in atmosphärischer Luft, aber durch Hinzufügung von ‚Feuer' – sei es in fester oder in flüssiger Form – wird sie dünnflüssig und
faul auch schneller als die Blutflüssigkeit. Die Kügelchen schließlich ziehen sich weder
eine Gerinnung zu noch lösen sie sich auf, wenigstens solange die Lymphe sie umschließt
und in der Schwebe hält. Diese Kügelchen verleihen in Gemeinschaft mit dem festen
Feuer dem Blut seine Farbe. Die Folge ist, daß sich das Blut, je größer die Menge ist, die
es an entzündlichem Grundstoff enthält, desto mehr dem Dunklen, ja sogar dem
Schwarzen nähert, je geringer dagegen die Menge ist, desto mehr dem Blassen und
Grünen.
     Aus diesen Experimenten folgert Moscati: I. Blutflüssigkeit könne bei entzündlichen
Fiebern einer Gerinnung unterliegen, auch wenn sogar das heftigste Fieber die Hitze
kochenden Wassers niemals erreiche. II. Die Lymphe verdünne sich bei entzündlichen
Krankheiten, gerinne aber bei Kältekrankheiten; daher seien diejenigen im Irrtum, die
angeben, entzündliches Blut sei verdichtet, während doch die Blutmenge eher dünnflüssig ist. Taugt jedoch überhaupt der Schluß von dünnflüssiger Lymphe auf dünnflüssiges
Blut? Lehrte uns nicht der sehr scharfsinnige Mann selber, daß Blutflüssigkeit bei dem
Wärmegrad gerinnt, bei dem die Lymphe fließt? Empfiehlt er uns nicht selber wässrige
und mäßigende Mittel zur Verdünnung der Blutflüssigkeit bei entzündlichen Krankheiten? – Er selbst jedenfalls hat durch seine Experimente bestätigt, daß das Blut der am
Brustfell Erkrankten wegen der geronnenen Blutflüssigkeit dickflüssiger wird, auch wenn
die Blutmenge ziemlich dünn ist. Der Beobachter fährt fort: III. Die entzündliche
Kruste, die Polypen im Herzen und in den größeren Arterien, Eiter, Blutklumpen in den
Venen und Schleim seien nichts anderes als die durch die Berührung mit kalter Luft
geronnene Lymphe, was alles in lebendigen Gefäßen flüssig sei. IV. Auf dem Gleichgewicht zwischen Erzeugung des festen Feuers und dessen Ausscheidung beruhe die angemessene Mischung des Blutes, so daß eine übertriebene Erzeugung und Anhäufung jenes
Feuers zu Entzündungskrankheiten führe, seine über Gebühr heftige Freisetzung zu
fauligen Krankheiten, sein zugleich über Gebühr großer Mangel zu Kältekrankheiten.
Ich jedenfalls habe aus all diesem die Folgerung gezogen, daß Blutflüssigkeit bei einer
Entzündung dick wird, die Lymphe bei ‚Leukophlegmatia'; daß sich im letzteren Fall
die Blutflüssigkeit, im ersten Fall die Lymphe verdünnt; daß öliges Blut daher eine
Entzündung begünstigt, weil der entzündliche Grundstoff sie durch die Gerinnung der
Blutflüssigkeit unterstützt. – Doch nun von dem Neben- zum Hauptweg.

     § 14. Sollte das erhoffte Wohlbefinden ausbleiben, rate ich zur Wiederholung des vorgenommenen Venenschnitts, bis ihm entweder das Nachlassen des Fiebers ein Ende setzt
oder die gebrochene Lebenskraft ihn untersagt. So lange nämlich, wie die pleuritische

enim Crusta pleuritica apparet, quamdiu Pectoris urgent angustiæ tamdiu salus in Sanguinis detractione quærenda est.

§. 15. Jam vero apparente minimo isto pulsu de quo §. 10 Sermo fuerat, cum Respiratione[1] profunda, angore summo, viribusque dejectis, quæstio movebitur an sanguis adhucdum mittendus sit, nec ne? Si mittas, metuendum est, ne impetu a tergo ⁵ penitus fracto, circuloque majori exantlato lypothymiam inferas internecinam, sub qua minor plenario sistatur. Sin autem mittere dubites, periculum est ne æger Catharrho suffocativo occumbat. — Hic sane Rhodus est, hic salta. Anceps ista rerum facies animum sibi præsentem, summumque reposcit judicii acumen, ne retardando negligas, ne præcipitando occidas. Sed præjudiciis æque ac hæmophobia vacuus Vir Hippocraticus, ¹⁰ Peritissimus Archiater D. D. Consbruch in partes plerumque abiit primas nec ipsi unquam defuit eventus dexterrimus (i) Felices medicos, quos nec fallax hujus pulsus imago seducere, nec deterrere potest superstitiosa Vulgi querela!

Venæsectionis vices omnino gerere possunt Sanguisugi, sedi inflammatæ quam proxime admoti, qui dum localem quandam præstant phlebotomiam cum minori ¹⁵ sanguinis dispendio majora operantur. Dein et Cucurbitulis sua laus est, Vesicantia vero locis adflictis apposita omnem post Venæsectionem paginam absolvunt, ex triplici virtute præstantissima. Primo quidem humores a locis inflammatis revellunt; Secundo dissolvunt, tertio suppuratione exhauriunt, quicquid enim suppuraverit non reverti jam Hippocrates effatus est. Clarissimus Schmukerus, Pleuresiam initiantem Vesicatorio pectori imposito ²⁰ plenario intercepit; Supra insignitus Archiater D. Consbruch Vim Vesicantium mirificam innumeris casibus expertus est. Balnea tepida siquidem ægri admittant ex usu forent, dum partibus externis emollitis humores ab interioribus derivant, placidosque sudores provocando Crisin succedaneam æmulantur.

§. 16. Diluendo ac resolvendo Sanguini spisso Salia media, nitrosa præcipue, conveniunt, ²⁵ ac dein sapones vegetabiles. Huc spectant fructus horæi, quos quidem Magnus Boerhaavius primus in usum vocavit, decocta herbarum resolventium frigidarum, acetum, oxymelle simplex veterum, Citrus et alia, quæ omnia juxta vim resolventem et virtute refrigerante

(i) Idem, subjungere solet Mixturam Camphoratam, quæ Vim vitæ per Venæsectionem frangendam reanimet, ac stases discutiat per sudores. ³⁰

---

[1] ~~ut~~ [cum] Respiratione

Kruste in Erscheinung tritt, wie Brustenge drängt, so lange muß man die Heilung im Blutentzug suchen.

§ 15. Tritt nun aber der besagte sehr kleine Puls in Erscheinung, von dem in § 10 die Rede gewesen war, mit tiefer Atmung, höchster Beklemmung und niedergeschlagenen
5   Kräften, wird man die Frage aufwerfen, ob weiterhin zur Ader gelassen werden muß oder nicht. Falls man zur Ader läßt, ist zu befürchten, daß man nach einem völligen Zusammenbruch des Blutstroms ‚von hinten‘ und infolge der Entleerung des größeren Kreislaufs eine tödliche Bewußtlosigkeit herbeiführt, unter welcher der kleinere Kreislauf vollständig zum Erliegen kommt. Hat man aber Bedenken, zur Ader zu lassen, besteht
10 die Gefahr, daß der Kranke durch einen Stickfluß stirbt. – Gewiss gilt nun „Hier ist Rhodos, hier springe“. Dieses doppelgesichtige Bild der Sachlage erfordert Geistesgegenwart und höchsten Scharfsinn bei der Beurteilung, damit man weder durch Verzögerung etwas versäumt noch durch überstürztes Handeln tötet. Aber als ein von Vorurteilen ebenso wie von Blutfurcht freier Hippokratiker hat der höchst erfahrene Leibarzt
15 Herr Doktor Consbruch meistens den ersten Weg eingeschlagen, und niemals blieb ihm der beste Erfolg versagt (i). Glücklich die Ärzte, die weder das trügerische Bild dieses Pulses verführen noch die abergläubische Klage des gemeinen Volkes abschrecken kann!
Die Rolle des Venenschnitts können allgemein Blutegel übernehmen, wenn man sie möglichst nahe an den entzündeten Ort herangebracht hat, denn diese erzielen, indem
20 sie ein gewisses lokales Aderlassen leisten, mit einem kleineren Blutverlust eine größere Wirkung. Sodann gebührt auch den Schröpfköpfen ihr Lob, blasenziehende Mittel jedoch, auf die betroffenen Stellen gelegt, erfüllen die Aufgabe nach dem Venenschnitt vollständig, und zwar dank ihrer dreifachen ausgezeichnetsten Vorzüge: Erstens jedenfalls ziehen sie die Säfte von den entzündeten Stellen weg, zweitens verdünnen sie diese,
25 drittens entleeren sie durch Eiterung; denn schon Hippokrates hat als Satz ausgesprochen, daß alles, was geeitert hat, nicht zurückkehrt. Der hochberühmte Schmucker hat eine beginnende Brustfellentzündung durch Auflegen eines Blasenpflasters auf die Brust vollständig unterbunden. Der oben gekennzeichnete hervorragende Leibarzt Herr Consbruch hat die wunderbare Kraft blasenziehender Mittel in unzähligen Fällen er-
30 probt. Lauwarme Bäder wären, sofern Kranke sie zulassen, von Nutzen, indem sie nach Aufweichung der äußeren Körperteile die Säfte von den inneren ableiten und durch die Auslösung sanfter Schweißausbrüche eine stellvertretende Krisis nachahmen.

§ 16. Zur Verdünnung und Auflösung des eingedickten Blutes passen neutrale Salze, vornehmlich salpetrige, und dann pflanzliche Seifen; hierzu gehören reife Früchte, zu
35 deren Gebrauch jedenfalls der große Boerhaave als erster aufgerufen hat, Abkochungen von auflösenden kalten Kräutern, Essig, der einfache mit Sauerhonig der Alten, die Zitrusfrucht und anderes, was alles neben auflösender Kraft auch eine vorzügliche kühlende

(i) Derselbe pflegt eine Kampfermischung beizufügen, die die Lebenskraft, die durch einen Aderlaß geschwächt werden muß, wieder anregen und Stockungen durch
40   Schweißausbrüche vertreiben soll.

ac refocillante instructa ægrum mirum in modum reficiunt atque oblectant (k) Alvus stricta lenioribus laxativis, quin et Clysmatibus repetita vice ducenda, caveas vero a calidis resinosis. Diæta per totum Stadium incrementi tenuissima sit, carne vinoque prorsus vacua, quod eo facilius servari potest, quo breviori curriculo Febris ardens absolvitur.

§ 17. His ita omnibus ex consilio administratis Crisis expectata non potest non succedere. Ea quidem adesse dicitur si pulsus antea durus mollescat, aut parvus ad plenitudinem quandam assurgat, spiratio facilior reddatur, æque ac ingens moles de pectore devoluta[1] fuisset, quæ ægrorum vulgo verba sunt, ac universali halituoso tepeat madeatque Cutis sudore. Jam fluidior sanguis placidiori rivo per sua vasa fluit, et humores per laxiora colatoria transsudant[2]. Urina redditur clara, citrea, quæ sibi relicta subalbum sedimentum præcipitat, alvus solvitur, dolor inflamatorius diminuitur, blandus ægrum somnus obrepit, quo expergiscens hilari animo est, clarescunt oculi, de tota facie redeuntis sanitatis imago resplendet. Crisin excipit magna Febris remissio, antevertens typus cum retardanti commutatur, exacerbationes mitiores ac citius disparentes largius abiguntur remissionibus, quæ sensim atque sensim in veras Intermissiones defervescunt, donec tandem omni Febris fomite exhausto, omnia ad naturalem Sanitatis Rhythmum recurrant. Hoc itaque respectu omnes Febres ardentes in Intermittentes abeunt, dum quæ sub Stadio declinationis ingruunt Exacerbatiunculæ Sudoribus et Urinis coctis solvantur, subsequente universali apyrexia. Jam nil agi medico præstat, ne motus naturæ despumatorios perturbet, quæ ut Crisi instituendæ par fuerat, et par erit absolvendæ. In iis saltem quæ exhalationem leni stimulo promovent, alvum laxam servant, ac Vires paullatim restaurant acquiescendum est. Exstant exempla, rariora quidem, ubi et post Crisin Venæ secandæ necessitas invaserat, præsertim si sub Incremento Morbi negligenter nimis secta fuerit.

Diæta jam paullo largior concedi potest, neque tamen lauta atque plena Vini modicum usum vix dissuaderem.

+ Non possum non casus quosdam regularis Febris phlogisticæ huc allegare, qui[3] hactenus exposita comprobent atque illustrent. Primus sit e dio græco. v. Hippocrat. de Morbis popularibus. edit. Hallerian. Ægrot. Vlll.vum . Tom. I. p. 159. „In Abderis Anaxionem, qui decumbebat ad Thracias portas febris acuta corripuit, lateris dextri dolor

(k) Hanc in finem <u>decoctum</u> <u>Malorum</u> pauperibus propinare solet Archiater D. Consbruch. Remedium exquisitissimum et simplicissimum.

---

[1]devolutaq [2]trans|s|udāt [3]quoi

und wiederbelebende Eigenschaft besitzt und dadurch den Kranken auf wunderbare Weise wieder kräftigt und ergötzt (k). Ein verstopfter Unterleib ist durch sanftere Lockerungsmittel, ja sogar mit Klistieren im wiederholten Wechsel abzuführen; man hüte sich dagegen vor warmen harzhaltigen Mitteln. Die Kost sei während der gesamten Zeit der
5 Krankheitszunahme sehr leicht, völlig frei von Fleisch und Wein, was man umso leichter einhalten kann, je kürzer der Verlauf ist, in dem das hitzige Fieber zum Abschluß kommt.

§ 17. Hat man somit dies alles nach ärztlichem Rat durchgeführt, folgt zwangsläufig die erwartete Krisis. Diese stellt sich jedenfalls ein, sagt man, wenn der vorher harte Puls weich wird oder ein kleiner Puls zu einer gewissen Fülle ansteigt, die Atmung leichter
10 wird, ebenso wie wenn eine ungeheure Last von der Brust gewälzt worden wäre – was gemeinhin die Worte von Kranken sind –, und wenn die Haut warm und feucht wird von einem allgemeinen ausdünstenden Schweiß. Nun fließt das Blut flüssiger in ziemlich ruhigem Lauf durch die Gefäße, und die Säfte schwitzen durch die schlafferen Poren aus. Der Urin, der, sich selbst überlassen, einen weißlichen Bodensatz abstößt, wird hell und
15 zitronenfarbig, der Stuhlgang löst sich, der Entzündungsschmerz verringert sich, den Kranken umfängt ein wonniger Schlaf, aus dem er mit heiterem Gemüt erwacht, die Augen hellen sich auf, vom gesamten Gesicht erstrahlt das Bild der wiederkehrenden Gesundheit. Auf die Krisis folgt sofort ein starker Rückgang des Fiebers, sein vorhergehender Typ wechselt zu einem nachlassenden Fieber, Verschärfungen werden milder,
20 klingen schneller ab und werden in reichlicherem Maße von Phasen des Rückgangs abgelöst, die allmählich zu echten Unterbrechungen des Fiebers abflauen, bis endlich nach dem Erlöschen des gesamten Fieberzunders alles zum natürlichen Rhythmus der Gesundheit zurückkehrt. In dieser Hinsicht gehen daher alle hitzigen Fieber in Wechselfieber über, wobei sich die kleinen Verschärfungen, die während des Stadiums des Abklingens
25 auftreten, durch Schweißausbrüche und Kochungen des Urins auflösen, worauf eine Fieberfreiheit folgt. Es ist besser, wenn der Arzt nichts unternimmt, damit er nicht die abschäumenden Vorgänge der Natur stört, wie es bei der Einrichtung der Krisis angemessen gewesen war und bei ihrer Beendigung angemessen sein wird. Man muß sich wenigstens mit den Maßnahmen begnügen, welche die Ausdünstung durch einen sanften
30 Anreiz fördern, einen lockeren Stuhl bewahren und die Kräfte allmählich wiederherstellen. Es gibt Beispiele, allerdings recht seltene, wo auch nach der Krisis die Notwendigkeit eines Venenschnitts eingetreten war, zumal wenn bei einer Zunahme der Krankheit der Schnitt zu nachlässig erfolgte.
    Die Krankenkost kann nun schon ein wenig reichlicher zugestanden werden, aber
35 dennoch nicht üppig und in vollem Umfang. Von mäßigem Weingenuß würde ich kaum abraten.
    + Ich kann nicht umhin, einige Fälle eines regulären entzündlichen Fiebers hier anzuführen, welche die bisherigen Darlegungen bestätigen und veranschaulichen sollen. Der erste Fall stamme von dem göttlichen Griechen; s<iehe> die Hallersche Ausgabe der Schrift
40 des Hippokrates über die weit verbreiteten Krankheiten, den achten Kranken, Band 1, S. 159. „In Abdera befiel den Anaxio, der an den Thrakischen Pforten daniederlag, ein

(k) Zu diesem Zweck pflegt der Leibarzt Dr. Consbruch den Armen einen Sud von
    Äpfeln zu verabreichen. Ein höchst vorzügliches und sehr einfaches Heilmittel.

assiduus. Siccam tussim habebat, neque exspuebat primis diebus. Siticulosus. Insomnis. Urinæ boni coloris, multæ tenues. Sexta delirus. Ad calefactoria nihil remisit. Septima dolorose agebat, nam et febris augescebat[1], et[2] dolores non remittebant[3], et tusses vexabant, difficulterque spirabat. Octava cubitum secui, effluebat sanguis multus velut debebat. Remiserunt vero dolores, tusses tamen siccæ comitabantur. Undecima remiserunt; Febres; parum circa caput sudavit. Tusses adhuc, et quæ a pulmone prodibant liquidiora erant; Decima septima incepit pauca matura spuere, allevatus est. Vigesima sudavit, a febre liber, post judicationem allevatus est. Erat autem siticulosus et a pulmone prodeuntium purgationes non bonæ. Vigesima septima febris rediit. Tussiit, eduxit matura multa. Urinis subsidentia multa, alba. Sine siti erat, bene spirans. Trigesima quarta sudavit per totum, a Febre liber, judicatus est."

Subjungo alium e Praxi Præceptoris depromptum.

„Æger habitu corporis robustioris et plethorici, ætatis 26 annorum, Febre ardente decumbere coepit. Aderant Cephalalgia intolerabilis, facies tumida, rubra, exæstuans, oculi humidi, rubentes, pulsus celerrimus, debilis, tamen et suppressus; secundo morbi die per Venæ sectionem sanguinis unciæ circiter XII eductæ sunt. Die morbi tertio pulsus celer et plenus deprehensus, calore interim sicco, urente, cephalalgia, reliquis symptomatibus ad hucdum urgentibus, quapropter Venæsectio reiterata fuit. Sanguis emissus nulla phlogistica crusta notatus fuit, sed compactus densus gelatinæ instar illico concrescens. Sub initio diei IVti guttulæ aliquot cruoris atri e naribus stillabant; interea pulsus deprehendebatur mollior, et æstus aliquantum se remisit. Morbus mitiorem retinuit indolem, nisi quidem Capitis dolor et arteriarum temporalium pulsatio gradu vehementiori continuassent. Die denique nono narium hæmorrhagia largissima cum ægri levamine insequebatur, lotium antea ruberrimum paullo post nubeculam et sedimentum flavum, albicans furfuraceum demisit. Convaluit postea æger, difficili auditu adhuc per tres menses gravatus." En febrem inflammatoriam sine[4] inflammatione! e sola sanguinis spissitudine et exæstuatione oriundam.

§ 18. Hæc de Solutione critica. Perdurantibus vero Symptomatibus actionum Vitalium, ac in pejora conversis, accedentibus motibus convulsivis, persistente Delirio, Vi vitæ suppressa, pulsu minimo intermittente, exaudito Stertore profundo, frigidis pedibus

---

[1]augescebant [2]et ~~Febre~~ dolores [3]remitteba[n]t [4]„sine *(Anführungsstriche am Zeilenanfang; versehentlich)*

akutes Fieber, die rechte Seite schmerzte ihn unablässig. Dabei hatte er trockenen Husten und an den ersten Tagen keinen Auswurf. Durstig. Schlaflos. Viel dünner Urin von guter Farbe. Am sechsten Tag im Delirium. Bei der Anwendung von Wärmemitteln ließ nichts nach. Am siebten Tag waren seine Aktionen schmerzhaft, denn einerseits stieg das Fieber,
5 und andererseits ließen die Schmerzen nicht nach, Hustenanfälle quälten ihn, und er atmete schwer. Am achten Tag schnitt ich den Ellenbogen, es floss viel Blut heraus, wie es mußte. Die Schmerzen ließen wohl nach, trotzdem begleiteten ihn dabei trockene Hustenanfälle. Am elften Tag ließen sie nach; Fieberanfälle; er schwitzte ein wenig am Kopf. Hustenanfälle immer noch, und was aus der Lunge herauskam, war ziemlich flüs-
10 sig. Am siebzehnten Tag begann er, wenig Reifes zu spucken, er war erleichtert. Am zwanzigsten Tag schwitzte er, war fieberfrei, nach der Krise war er erleichtert. Aber er war durstig, und die Reinigungen hinsichtlich dessen, was aus der Lunge herauskam, waren nicht gut. Am siebenundzwanzigsten Tag kehrte das Fieber zurück. Er hustete und führte viel reifen Auswurf ab. Im Urin viel weißer Niederschlag. Er war ohne Durst und atmete
15 gut. Am vierunddreißigsten Tag schwitzte er am ganzen Körper, die Krise war überstanden.“

Ich füge noch einen anderen, der Praxis meines Lehrmeisters entnommenen <Fall> an.

„Der Erkrankte – mit der Gestalt eines ziemlich kräftigen und blutüberfüllten Kör-
20 pers, 26 Jahre alt – begann, mit brennendem Fieber daniederzuliegen. Dabei hatte er unerträglichen Kopfschmerz, ein aufgedunsenes, rotes und glühendes Gesicht, feuchte und rötliche Augen, einen sehr schnellen, schwachen und dennoch unterdrückten Puls; am zweiten Krankheitstag wurden durch einen Venenschnitt ungefähr zwölf Unzen Blut entzogen. Am dritten Krankheitstag wurde ein schneller und voller Puls festgestellt,
25 wobei die Fieberhitze inzwischen trocken war und brannte, der Kopfschmerz sowie die übrigen Symptome immer noch hart zusetzten; deswegen wurde der Venenschnitt wiederholt. Das entzogene Blut war durch keine entzündliche Kruste gekennzeichnet, zog sich aber dicht zusammen, indem es sich sofort wie Gelatine verdichtete. Am Anfang des vierten Tages träufelten etliche Tröpfelchen schwarzen Blutes aus den Nasenlöchern,
30 unterdessen wurde ein weicherer Puls festgestellt, und die Gluthitze ließ einigermaßen nach. Die Krankheit hätte ihre mildere Form beibehalten, wenn nicht jedenfalls der Kopfschmerz und die Pulsation der Schläfenarterien in zu heftigem Ausmaß fortbestanden hätten. Am neunten Tag schließlich folgte ein sehr reichliches Nasenbluten mit einer Erleichterung für den Kranken, und der vorher sehr rote Urin setzte wenig später ein
35 Wölkchen und ein gelbes, weißlich-kleienartiges Sediment ab. Später genas der Kranke, war jedoch noch drei Monate lang durch Schwerhörigkeit belästigt.“ Hier also ein entzündungsartiges Fieber ohne Entzündung, allein aus einer Eindickung und Erhitzung des Blutes entstanden!

§ 18. Soviel über die Lösung des Krankheitsfalls durch die Krisis. Dauern jedoch die
40 Krankheitszeichen der lebenserhaltenden Tätigkeiten fort und haben sie sich zum Schlechteren gewandt, kommen Schüttelkrämpfe hinzu, besteht das Delirium weiter, ist die Lebenskraft unterdrückt, setzt der sehr kleine Puls mitunter aus, hat man tiefes

atque manubus, auribus acutis frigidis, labiis lividis exsanguinibus[1], naso acuto, uno verbo, apparente facie ista Hippocratica moribunda in propinquo Mortem esse divines[2]. Jam enim in peripneumoniam lethalem inflammatio abscessit; obstipatus sanguine mucoque pulmo quibus impar excutiendis aut suffocativa aut morte gangrænosa hominem enecabit. Miratu dignum Ægros quam plurimos rebus desperatis præter modum hilares deprehendi, ut sinistra prognosi improvidens medicus plenariam fidei jacturam facere possit; demortuis scilicet nervis, qui durante Inflammatione acerrime fuerunt adflicti, dolorificus sensus ab anima recessit, et spe salutis redeuntis fallit lethalis Indolentia. Hinc conspicua hujusmodi exhilarescentia, cujus caussas eruere nequis, ac apparentibus simul fatalibus signis de quibus jam Sermo fuit, certissimum tibi erit ingruentis horæ fatalis præsagium.

Sin autem Medela sinistre administrata sanguis sponte e naribus fluxerit et gravativus sensus in locis inflammatis percipiatur, evanido dolore pulsatorio, et horrores ingruant vagi, et cruda fluat urina, et lenta gliscat[3] febricula cum sudoribus profusis, et post coenam exacerbata Inflammationem in Apostema versam esse conjicias. Si glandulas Inflammatio obsesserit haut incongrua erit suspicio scirrhi formandi, quin dein successu temporis ac delictis circa sex res non naturales commissis in Cancrum degenerabit. Rarius Morbus phlogisticus ad viscera abdominalia decumbit, raro Febres Intermittentes succedaneas trahit.

§. 19. Hæc de Febribus inflammatoriis dicta sufficiant; longe alia ratio est <u>Putridarum</u>.

Eo quidem titulo incurrunt Febres continuæ remittentes, quæ invadunt sub catarrhalium larva, cum summa Virium prostratione, horripilationibus vagis, vertigine, nausea, vomituritionibus, diarrhoeis, præcordiorum variis affectionibus, pectoris[4], capitis, dorsi, lumborum artuumve fugitivo dolore, pulsu interdum naturali consimillimo, interdum spastice contracto, accelerato, minimo, inæquali, mentis varia perturbatione, motibus spasticis aliisque, ac per longum Febrium succedentium tractum ad tres quatuorve septimanas protenduntur. Febres putridæ plerumque epidemicæ devastant, aut serpunt contagiose, rarius ex inquilinis caussis sporadice pronascuntur. Me quidem aëris, victus et contagii anomaliam quæ faciunt ad istas procreandas prorsus ignorare ingenue fateor, nec an ex terræ visceribus effletur, aut in aëre concipiatur, aut in Corporibus humanis

---

[1]exsanguibus *(Schreibversehen)*   [2]esse portendas ⌈divines⌉ *(portendas versehentlich nicht gestrichen)*
[3]glisceat   [4]pectoris~~tus~~

Schnarchgeräusch gehört, sind die Füße und Hände kalt, die Ohren spitz und kalt, die
Lippen bläulich und blutleer, die Nase spitz, mit einem Wort: tritt das bekannte den
Tod ankündigende ‚Hippokratische Gesicht' in Erscheinung, dann kann man ahnen,
dass der Tod nahe ist. Nun nämlich ging die Entzündung in eine tödliche Peripneu-
5   monie über; die Lunge, angehäuft mit Blut und Schleim und unfähig, diese Masse
abzustoßen, wird den Menschen entweder durch den Erstickungs- oder brandigen Tod
umbringen. Erstaunlicherweise habe ich sehr viele Menschen angetroffen, die trotz
ihrer hoffnungslosen Lage übermäßig heiter waren, so daß ein unvorsichtiger Arzt mit
einer verfehlten Prognose einen völligen Vertrauensverlust bewirkt; denn infolge des Ab-
10   sterbens der Nerven, die durch die dauernde Entzündung aufs schwerste geschädigt waren,
wich natürlich das Schmerzgefühl von der Seele, und die tödliche Schmerzunempfind-
lichkeit trügt durch die Hoffnung auf eine wiederkehrende Gesundheit. Daher die
auffallende derartige Heiterkeit, deren Gründe man nicht herauszufinden vermag, und
wenn die verhängnisvollen Anzeichen, von denen schon die Rede war, gleichzeitig
15   auftreten, wird dies die sicherste Vorhersage der hereinbrechenden Todesstunde sein.
    Wenn nun aber nach verkehrter Handhabung des Heilmittels das Blut von selbst aus
der Nase geflossen ist und ein Druckgefühl an den entzündeten Orten wahrgenommen
wird, der klopfende Schmerz dagegen verschwindet und wenn weit ausgreifende Schauer
einsetzen, roher Urin fließt, ein langsames schwaches Fieber mit ausgiebigen Schweiß-
20   ausbrüchen aufflammt und sich nach einer Mahlzeit verschärft hat, dann kann man
vermuten, daß sich die Entzündung zu einer Geschwulst entwickelt hat. Wenn die
Entzündung die Drüsen ergriffen hat, wird der Verdacht nicht unpassend sein, daß sich
eine harte Geschwulst bildet, die dann im Laufe der Zeit und nach Verstößen, welche
die ‚Sechs nicht natürlichen Dinge' betreffen, zu einem Krebs ausarten wird. Ziemlich
25   selten befällt die Entzündungskrankheit die Eingeweide des Bauches, selten zieht sie
Wechselfieber als Folge nach sich.

§ 19. Diese Aussagen über die entzündlichen Fieber mögen genügen; bei weitem anders
ist das Wesen der <u>fauligen</u> Fieber.
    Mit dieser Bezeichnung treten dauerhafte nachlassende Fieber auf, die unter der
30   Maske katarrhalischer Erkrankungen eindringen, verbunden mit höchstgradigem
Verfall der Kräfte, Haarsträuben hier und da, Schwindelgefühl, Übelkeit, Brechreizen,
Durchfällen, mit verschiedenen Leiden der Herzgegend, der Brust, des Kopfes und
des Rückens, mit flüchtigem Schmerz in den Lenden oder Gliedmaßen, mit einem
Puls, der manchmal einem natürlichen sehr ähnlich, manchmal krampfartig ange-
35   spannt, beschleunigt, sehr klein und ungleichmäßig ist, mit verschiedenartiger geistiger Verwirrung, mit krampfartigen Bewegungen sowie anderem, und die sich während
des langen Verlaufs der aufeinander folgenden Fieber bis zu drei oder vier Wochen
ausdehnen. Die fauligen Fieber haben meistens eine epidemieartig verheerende Wirkung oder schleichen sich durch Ansteckung ein, seltener entstehen sie sporadisch aus
40   Ursachen im Innern des Körpers. Daß ich jedenfalls die Regelwidrigkeit der Luft, der
Nahrung und der Ansteckung, welche Faktoren zur Erzeugung der besagten fauligen
Fieber beitragen, ganz und gar nicht kenne, gestehe ich freimütig, und ich halte mich
auch für unfähig zu entscheiden, ob das faulige Fieber aus den Eingeweiden der Erde
herausgehaucht wird oder sich in der Luft bildet oder durch eine gewisse Art von

per fermentationis quoddam genus prodeat decidere parem me judico, id unum scio quidquid sit in vitiata Bile et qualicumque modo læsa Officina Chylifica[1] sese concentrare. Sufficiat jam pauca quædam, quæ de sporadicis Febris putridæ natalibus certa habentur, aut probabilia placent, fugaci pede pererrasse[2].

§. 20. Et quidem ex omnium Veterum consensu Febres putridæ Jecinerosos malunt   5
corripere, quos spasticæ per Corpus turbæ divexant, ac labes Chylopoëseos affligit. Dum enim Nervi secretionibus et coctionibus invigilent, idquod ex Physilologicis innotescit, fieri non potest, quin Nervorum αταξια horum negotiorum systema dirimat, liquidorum miscelam corrumpat, excretiones et secretiones vario modo confundat. Docuerunt quidem sexcentæ observationes Bilem sub Pathematum exæstuationibus, nervorumque   10
distentionibus singulari modo exasperari ac destrui, ut Capite vulneratis æruginosa vomatur, in epilepticis virulenta inficiat, vappescat[3] in melancholicis, ebulliat in Iracundis. Pari modo Puris miscela a nervorum stricturis mira patitur ut quod antea fuerat Pus benignissimum, sub Insultu Maniæ aut Phrenitidis, quin sub Indigestionibus in ichorosum diffluat colliquamen, aut plane intercipiatur, quod in Febribus malignis   15
frequentissime observatur. Nec non Venena complura vegetabilia, ut e. g. Belladonna, atque Cicuta simulac Corpus humanum intrant Nervosque commovent, putredinem accersunt velocissimam, cum alias si extus adhibeas mira Virtute antiseptica polleant.

  Diuturni[4] itaque animi adfectus, quales sunt Indignatio sive Ira depascens, moeror, tædium, nostalgia et Melancholia, miasmata introducta, quin ipsa Vulnera morbo putrido   20
ansam præbere consueverunt. Accedunt inquilinæ et spontaneæ humorum degenerationes quorsum refero lochia putrida regurgitantia, ulcera degenera, gangrænam.

§. 21. Non vero cum Impetu, quo solent phlogistici morbi, Febres putridæ hominem adoriuntur, quæ jam dudum interioribus Viscerum latebris funesta semina sparsere priusquam luculentius sese prodant. Eo quidem tempore, quo hostis insidiosus per   25
corporis penetralia serpit, mira mentis metamorphosis in conspectum venit. Morosi sunt qui antea vividissimi, rixosi qui antea placidissimi. Aversantur ad quæ alias cum cupidine rapti; lucem effugiunt, ac meticulosi in Solitudines discedunt, quos antea Strepitus Urbium oblectarat. Accedunt insomnia turbulenta delira, subitanei pavores levissimis de caussis incussi, pervigiliæ, vagi per corporis ambitum dolores, spastici ardores, horroresve,   30

---

[1]Chylificat [2]pererratursse [3]va[p]pescat [4]Diuturnei

Gärung hervortritt; nur das eine weiß ich, nämlich daß sich alles, was auch immer es
sein mag, in der beschädigten Galle und in dem wie auch immer gestörten Bereich
der Herstellung von Nahrungssaft konzentriert. Es möge schon genügen, mit raschem
Schritt nur weniges durchstreift zu haben, was man über die verstreuten Geburtsorte
des fauligen Fiebers für sicher hält oder was als wahrscheinlich allgemeine Zustimmung
findet.

§ 20. Nach der übereinstimmenden Auffassung jedenfalls aller alten Autoren ergreifen
faulige Fieber vorzugsweise Leberkranke, die krampfhafte Anfälle im Körper plagen
und die ein Verderben der Produktion des Nahrungssaftes niederbeugt. Da nämlich
die Nerven die Ausscheidungen und Kochungen überwachen, was aus der Physiologie
bekannt ist, muß eine Unordnung der Nerven zwangsläufig das Gefüge dieser Maßnahmen zerstören, die Mischung der Flüssigkeiten zerstören sowie auf verschiedenartige
Weise die Ausscheidungen und Absonderungen in Verwirrung bringen. Jedenfalls
haben sechshundert Beobachtungen gelehrt, daß die Galle bei Aufloderungen der
Leiden und bei Anspannungen der Nerven in einzigartiger Weise angegriffen und
zerstört wird, so daß sie bei den am Kopf Verletzten grünspanfarbig erbrochen wird,
bei Epileptikern giftig infiziert, bei Melancholikern säuerlich wird und bei Jähzornigen
aufschäumt. In gleicher Weise erleidet eine Eitermischung infolge der Zusammen-
schnürungen der Nerven Sonderbares, und zwar so, daß der Eiter, der vorher sehr
gutartig gewesen war, unter dem Anfall einer Manie oder Phrenitis, ja sogar bei Ver-
dauungsmängeln in eine schmutzige Flüssigkeit zerfließt oder ganz zerstört wird, was
man bei fauligen Fiebern sehr häufig beobachtet. Auch mehrere pflanzliche Gifte wie
z.B. Tollkirsche und Schierling rufen, sobald sie in den menschlichen Körper eintreten
und die Nerven in Bewegung setzen, eine sehr rasche Fäulnis hervor, während sie sonst
bei äußerlicher Anwendung durch ihre wunderbare antiseptische Kraft eine starke
Wirkung haben.
    Daher sind es alltägliche Gemütsregungen – wie Unwillen oder <u>verzehrender Zorn</u>,
Kummer, Ekel, Nostalgie und Melancholie – sowie eingedrungene Miasmen, ja sogar
selbst Wunden, die einer fauligen Krankheit gewöhnlich Veranlassung bieten. Hinzu
kommen aus dem Inneren des Körpers stammende und spontan auftretende Abartig-
keiten der Säfte, wozu ich zurückströmende faulige Wochenflüsse, verkommene Geschwüre und heißen Brand zähle.

§ 21. Nicht jedoch mit der Wucht, mit der entzündliche Fieber es zu tun pflegen,
greifen den Menschen die fauligen Fieber an, die schon vorher in den inneren Schlupfwinkeln der Eingeweide ihre verderblichen Samen ausgestreut haben, bevor sie sich
deutlicher zeigen. Zu dem Zeitpunkt jedenfalls, wo der hinterlistige Feind durch das
Innere des Körpers schleicht, kommt ein merkwürdiger Sinneswandel zum Vorschein.
Mürrisch sind die vorher sehr Lebenslustigen, streitsüchtig die vorher sehr Sanftmüti-
gen. Abneigung empfinden sie gegen das, wozu sie sich sonst mit Begierde hinreißen
ließen; dem Licht entfliehen und furchtsam weichen in einsame Gegenden die aus, die
vorher der Lärm der Städte ergötzt hatte. Hinzu kommen turbulente wahnsinnige
Traumbilder, plötzliche durch geringfügigste Ursachen ausgelöste Angstzustände,
durchwachte Nächte, verstreut den gesamten Körperbereich durchziehende Schmerzen,

inappetentia, quin interdum excessiva convivii cupido: urinæ aquosæ quales Epilepsiæ, Maniæ, Hydrophobiæ,[1] Hypochondriæ insultus annunciant, splenicæ Veteribus nuncupatæ, coryza, lassitudo insolita genuum præcipue artuum tremores, sudores nocturni, inæquales et alia hujusmodi quæ omnia subinde remittentia, subinde exasperata ipsius tandem perfecti Morbi Insultus disrumpit.   5

§. 22. Turgens putrida Bilis Symptomatum agmen ducit atrocissimum. De præcordiorum angustiis, ardore, pulsatione continuæ querelæ, Vomitus spontanei cum summa Capitis concussione, jam inanes jam Bilem decolorem, pituitam corruptam, quin interdum atrum Cruorem rejicientes pessimo quidem indicio si Coo fidem præbueris (l) dum inveterati Infarctus vi putredinosæ Colliquationis moventur; Diarrhoea tenesmodes, cum   10 Cordis palpitatione, Lypothymia, pulsu intermittente, dicroto nonnunquam, sudoribus spasticis, frigidis, partialibus, lingua jam humida, rubicunda, jam flavomucosa, impurissima. Dentes insuper viscosi, oculi icterodes lemis subsiccis eorum canthis adhærentibus foetis, facies jam pallida, jam spastico perfusa rubore, sitis enormis, tussis sicca, Respiratio anxia. Horum consortio sese addunt tendinum subsultus, festucarum   15 lectio, oculorum splendores, temporum carotidumve insolitæ micationes, aurium tinnitus, laryngis et pharyngis spasticæ stricturæ, quin veræ convulsiones universales quæ vero testante Hippocrate efflorescentibus pustulis aut maculis remittunt, funesto præsagio si perdurent. Sanguis sub Febre putrida aut missus aut spontane effluens fluidus apparet ac dissolutus (qui vero quod mireris haut citius computrescit phlogistico aut sanissimo)   20 interdum naturali simillimus.[2] Venter nonnunquam in modum Tympanitidis intumescit, quem tumorem Meteorismum vulgo appellant, haut dubie ex aëre fixo per fermentationem putridam liberato oriundum. Spiratio jam sublimis, jam lentuosa et suspira, quæ posterior prorupturæ purpuræ certum indicium præbet, siquidem fides fide dignissimis (m). Interdum aliquot sanguinis atri guttulæ ex uno alterove narium stillant, lethale signum   25 testante Hippocrate; interdum Menses fluunt, aut Hæmorrhoides, sine tamen allevamento.

(l) Quibuscunque morbis incipientibus atra bilis aut sursum aut deorsum prodierit lethale. Hipp. Aphor. IV. a. 22.
(m) Id quidem toties memoratus Wirtembergiæ practicus in Epidemia, Vayhingiam et   30 Vicina depascente[3], creberrime observavit.

---

[1]Hydrophobiæ, D   [2]simmillimus. ~~Sanguis~~   [3]depasceunte

krampfartige Hitzewallungen oder Schauder, Appetitlosigkeit, ja sogar manchmal exzessive Eßbegierde; wässerige Harnausscheidungen, wie sie Anfälle von Epilepsie, Manie, Hydrophobie und Hypochondrie ankündigen, von den alten Autoren als milzsüchtig bezeichnet, ferner Schnupfen, ungewöhnliche Schlaffheit vor allem der
5 Knie, Zittern der Gelenke, unregelmäßige nächtliche Schweißausbrüche und anderes dieser Art, was alles bald nachläßt, bald sich verschärft und was schließlich der Anfall der voll ausgebildeten Krankheit zerreißt.

§ 22. Die anschwellende faulige Galle führt den äußerst grauenvollen Zug der Krankheitserscheinungen an. Ständige Klagen über Verengungen in der Herzgegend, Hitze
10 und Pulsschlag, spontane Brechanfälle mit schwerster Erschütterung des Kopfes, die teils wirkungslos bleiben, teils die entfärbte Galle, zersetzten Schleim, manchmal sogar schwarzes Blut auswerfen – ein jedenfalls sehr schlechtes Anzeichen, wenn man dem Koer Glauben schenkt (l), wenn dabei alteingesessene Verstopfungen durch die Kraft der fauligen Verflüssigung in Bewegung geraten; von Stuhlzwang herrührender Durch-
15 fall mit Herzklopfen, mit Ohnmacht, mit aussetzendem, bisweilen doppelschlägigem Puls, mit krampfartigen kalten, lokalen Schweißausbrüchen, mit einer bald feuchten und geröteten, bald gelbschleimigen, sehr verschmutzten Zunge. Darüber hinaus sind die Zähne klebrig, die Augen gelbsüchtig, mit halbtrockenem, an ihren Lidern hängendem, stinkendem Augenschleim, das Gesicht bald blaß, bald von einer krampfar-
20 tigen Röte überzogen, der Durst ungeheuer groß, der Husten trocken, die Atmung beklommen. Zur Gruppe dieser Symptome gesellen sich ‚Sehnenhüpfen‘, ‚Halmesammeln‘, Augenglänzen, ungewöhnliche zuckende Bewegungen der Schläfen oder der Halsschlagadern, Ohrenklingen, krampfartige Einengungen von Kehlkopf und Rachen, ja sogar echte, den gesamten Körper umfassende Krämpfe, die jedoch nach dem Zeug-
25 nis des Hippokrates beim Aufblühen von Pusteln und Flecken nachlassen, dagegen von unheilvoller Vorbedeutung sind, falls sie andauern sollten. Beim fauligen Fieber zeigt sich das Blut, entweder durch Aderlaß entzogen oder spontan fließend, in flüssiger und aufgelöster Form (das allerdings erstaunlicherweise nicht schneller verfault als bei einem Entzündungskranken oder bei einem ganz Gesunden), manchmal dem
30 natürlichen Blut sehr ähnlich. Der Bauch schwillt bisweilen nach Art einer Blähsucht an, welche Schwellung man gemeinhin Meteorismus nennt, zweifellos aus der ‚fixierten‘, durch die faulige Gärung freigesetzten Luft entstanden. Die Atmung ist bald hoch, bald schwerfällig und keuchend, die, wenn sie später eintritt, ein sicheres Anzeichen für den bevorstehenden Ausbruch einer Purpura bietet, sofern man den Glaubwürdig-
35 sten glaubt (m). Manchmal tröpfeln etliche kleine Tropfen schwarzen Blutes aus dem einen oder anderen Nasenloch, ein tödliches Zeichen nach dem Zeugnis des Hippokrates; manchmal fließen die Monatsblutungen oder die Hämorrhoiden, aber trotzdem

(l) Bei allen Krankheiten, bei denen im Anfangsstadium oben oder unten schwarze Galle austritt, ist dies ein tödliches <Zeichen>. Hippokrates, Aphorismen 4, 22.
40 (m) Dies jedenfalls hat der so oft erwähnte praktische Arzt Württembergs während der Epidemie, die Vaihingen und Umgebung niedergemäht hat, sehr häufig beobachtet.

Supersunt innumera plura quæ pessimum morbum insigniunt, nulla certe exhaurienda tractatione.

> Non mihi si centum linguæ sint, oraque centum
> ferrea vox omnes Morbi comprehendere formas
> Omnia spasmorum percurrere nomina possem.   5

§. 23. Quæ dum per Corporis ambitum præter naturam geruntur, Mens ipsa vario modo tentatur. Fert enim intimus facultatis cogitatricis cum digestrice consensus ut spasmis ex Imo Ventre oblatis spasticæ respondeant Idearum commotiones, non tam ordinem associationis et rationis dictata, quam mechanicas morbi leges sequentes. Id vero est quod Delirium vocamus. Inter Delirium et Convulsiones partium exteriorum alternatio 10 quædam observatur ut his sævientibus deliria cessent, deliriis insistentibus remittant convulsiones (n) fatali quidem indicio, si perstet utrumque. Raro furiose delirant, qui Febre putrida detinentur, taciturne plerumque, aut melancholice, aut risorie sive nugatorie aut stupide, aut vario modo soporose[1]. Huc spectant omnes Phrenitidis ac paraphrenitidis species, Hydrophobia, Melancholia, Risus Sardonius ferocissimus, 15 Choræa St. Viti, (quæ bina posteriora a verminosis[2] caussis plerumque sublatentibus originem trahunt) Catochus Aetii, Coma tum vigil, tum somnolentum, ad ipsum usque Lethargum et Carum profundissimum. Catochi Aetiani in Coma Vigil et Lethargum usque protracti memorabile exemplum in Nosocomio academico luctuosum se mihi obtulit. Æger apertis oculis somnum simulabat, in quem, si excussus fuerit, mox iterum 20 recidebat. Interrogatus ægerrime primo, dein plane non respondebat, jussis tamen exactissime obsequebatur. Cibos non appetebat, propinatos autem deglutiebat. Intentis oculis adstantes nonnunquam adspiciebat, quasi summam ipsis infigeret attentionem, nec tamen dubium est ipsum ne[3] minimam eorundem habuisse perceptionem. Insimul tendines ipsi saliebant, digiti circa faciem ludebant, floccos legebat, manus contrectantium 25

(n) Hippocrates de Morbis popularibus. Lib. III. Ægr. XI. „Mane convulsiones multæ. Quum autem intermisissent convulsiones illæ multæ, delirabat, turpia loquebatur."[4] Idem Aphorismorum Sect. VI. aph. 26. „Quibus in febribus ardentibus tremores[5] facti fuerint, mentis emotio solvit."[6]

---

[1]sp**o**porose [2]verminosis ~~ferocit spasmis~~ [3]ne~~xxxxx~~nimam [4]loquebatur. *(Abführungszeichen fehlt)*
[5]~~tramores~~ tremores [6]solvit. *(Abführungszeichen fehlt)*

ohne eine Erleichterung. Übrig bleibt noch Unzähliges mehr, was eine sehr schlimme Krankheit kennzeichnet, doch sicherlich in keiner Abhandlung erschöpfend dargelegt werden kann.

> Hätte ich hundert Zungen und hundert Münder, auch eine
> eiserne Stimme, könnte ich nicht alle Formen der Krankheit
> gänzlich erfassen und alle Krämpfe mit Namen benennen.

§ 23. Während dieser widernatürlichen Vorgänge im Gesamtbereich des Körpers gerät der Verstand selber auf verschiedenartige Weise in Gefahr. Denn der intime Einklang des Denkvermögens mit der Verdauungsfähigkeit bringt es mit sich, daß den aus dem Unterleib emporgebrachten Krämpfen krampfartige Erregungen der Ideen entsprechen, die nicht so sehr dem Ordnungssystem
der gedanklichen Verbindung und den Vorschriften der Vernunft als vielmehr den mechanischen Gesetzen der Krankheit folgen. Genau dies ist nun aber das, was wir als Delirium bezeichnen. Zwischen Delirium und krampfartigen Bewegungen der äußeren Teile beobachtet man eine gewisse wechselseitige Beziehung derart, daß dann, wenn diese Konvulsionen wüten, die Delirien zurückgehen, dagegen wenn die Delirien hart bedrängen, die Konvulsionen nachlassen (n), wobei es jedenfalls ein verhängnisvolles Zeichen ist, wenn beides andauert. Nur selten verhalten sich Menschen, die das faulige Fieber fesselt, im Delirium rasend, meistens schweigsam oder melancholisch oder lächerlich, sei es läppisch oder albern oder auf verschiedenartige Weise schläfrig. Hierzu gehören auch alle Erscheinungsformen von Phrenitis und Paraphrenitis, Hydrophobie, Melancholie, äußerst wildes sardonisches Lachen, Veitstanz (welche zwei letztgenannten Arten ihren Ursprung jeweils aus meistens verborgenen Umständen nehmen, die von Würmern herrühren), Starrsucht nach Aetius, bald ‚Coma vigil‘, bald ‚Coma somnolentum‘, bis hin selbst zu Lethargie und zur regungslosen abgrundtiefen Bewußtlosigkeit. Ein denkwürdiges Beispiel für eine Starrsucht nach Aetius, die sich bis zum Wachkoma und bis selbst zur Lethargie hinauszog, hat sich mir im Akademischen Krankenhaus als trauriger Fall dargeboten. Der Kranke bildete mit offenen Augen einen Schlaf nach, in den er, wenn er daraus gerissen worden war, abermals wieder zurückfiel. Wurde er gefragt, antwortete er zuerst sehr mißmutig, dann überhaupt nicht, Anweisungen gehorchte er trotzdem aufs genaueste. Speisen verlangte er nicht, dargereichte aber schlang er hinunter. Mit angestrengten Augen blickte er bisweilen auf Dabeistehende, als ob er auf sie die höchste Aufmerksamkeit richtete, und dennoch gibt es keinen Zweifel, daß er sie überhaupt nicht wahrgenommen hat. Gleichzeitig hüpften ihm selber die Sehnen, die Finger spielten um sein Gesicht herum, er sammelte Flocken, die Hände derer, die ihn berührten, drückte er

(n) Hippokrates, Über weit verbreitete Krankheiten. Buch 3, Kranker 11. „Am Morgen viele Krämpfe. Wenn aber jene vielen Krämpfe nachgelassen hatten, delirierte sie, redete Ungehöriges.“ Derselbe, Teil 6 der Aphorismen, Aphorismus 26. „In hitzigen Fiebern, bei denen Gliederzittern aufgetreten sind, behebt das Delirium <dieses Zittern>.“

in modum amicorum fortiter comprimebat; jam parieti admotus, jam inquiete circumjectus, nec quibus sanus assueverat motibus moribundum deseruere. Delirium soporosum pedetentim in profundiorem abiit somnum, ex quo vix aliquot horulis ante fatum excussus est. Spiritus jam gravius ducebatur, jam prorsus intermittebat, pulsus reptans, cessans, extrema frigida, facies instar moribundi, strepitus in imo pulmone, 5 expirabat. Mireris vero, nec fæces nec urinas unquam ipsi clanculum elapsas, nec unquam naturalem Juveni[1] defuisse pudorem. Adeo strictum inter animam[2] et Corpus servatur[3] commercium; adeo tyrannicus homini arroganter nimis de se ipso statuenti monitor inest, qui continuo ipsum hortetur[4] ab humo progenitum, in humum relapsurum.

§ 24. Spasticas istas functionum perversiones intercipiunt immaturæ Crises, quæ varii 10 generis sunt. Aut enim succedunt Hæmorrhagiæ[5] profusæ; diarrhoeæ; sudores; urinæ turbidæ, biliosæ, viscidæ, fuscæ Jumentorum ad instar, alcalinæ, vario modo decolores; abscessus ad aures, inguina, articulos; aphthæ; fluor albus benignus, gonorrhoea et alia, aut, quæ potior classis est, colluvies putrida per Exanthemata despumatur, de quibus fuse Brendelius. (o) Jam vero ad medelam. 15

§. 25. Quum Bilis putrida in imo Ventre nidulans, et Spasmos istos per Consensum excitaverit, et Febrem ipsam perpetim suggestis fomitibus sufflaminaverit, omne Morbi Systema in Bilem concurrit, omnis curationis Nervus in ea corrigenda aut radicitus exstirpanda sese concentrat. Hinc audacis ac circumspecti est medici, pessimum Morbum tum Emesi tum Catharsi adoriri. Quum vero biliosæ saburræ per totum 20 tractum Intestinorum traductæ et locus et tempus datur, quo vasculis resorbentibus admota quam plurimis inhalari vehique ad sanguinem potest ex magni Sarcone, Stollii et aliorum sententia; Emesis Catharsi præstare mihi videtur, ut Emesis expurgando Ventriculo ac superiori Intestino, inferiori Catharrsis adaptata sit; Probabile quidem est Vim Vomitoriorum non solius Ventriculi terminis circumscribi, sed omne tenue 25 Intestinum ad usque Valvulam Coli ipsius dominio esse subjectum.

Amplissima Præceptoris experientia, methodus medendi, quam præstantissimam in Nosocomio academico usurpat Doctiss. Dom. Archiater D. Reuss observationes Virorum Hippocratico instructorum ingenio me jam affatim edocuere, Evacuationes primarum

(o) Dissert. de Abscessibus ad Nervos. 30

---

[1]Juveni ~~pudorem~~ [2]strictum ⌈inter⌉ animam [3]~~conservatur~~ [4]continuo ⌈ipsum⌉ hortetur [5]enim ~~sunt~~ ⌈succedunt⌉ Hæmorrhagiæ

nach Art von Freunden fest zusammen; bald lehnte er sich an eine Wand an, bald drehte er sich unruhig im Kreis herum, und die Bewegungen, an die er sich als Gesunder gewöhnt hatte, ließen ihn auch als Todgeweihten nicht im Stich. Das schläfrige Delirium ging allmählich in einen tieferen Schlaf über, aus dem er sich einige Stündlein vor dem Tod kaum mehr wachrütteln ließ. Bald ging sein Atem schwerer, bald setzte er völlig aus, sein Puls war schleichend, setzte aus, die Gliedmaßen waren kalt, das Gesicht wie das eines Sterbenden, ein Rasseln im untersten Bereich der Lunge, er hauchte sein Leben aus. Man kann sich wirklich darüber wundern, daß ihm selbst niemals Kot und Urin unbemerkt entglitten und daß dem jungen Mann niemals das natürliche Schamgefühl fehlte: So fest wird die Verbindung zwischen Geist und Körper bewahrt; so weit wohnt dem allzu anmaßend über sich selbst bestimmenden Menschen ein tyrannischer Mahner inne, der ihn beständig ermahnt, daß er aus Erde erzeugt wurde und zur Erde zerfallen wird.

§ 24. Diese mit Krämpfen einhergehenden Verkehrungen der Körperfunktionen unterbrechen vorzeitige Krisen, die verschiedener Art sind. Entweder nämlich folgen der Reihe nach unmäßige Blutungen; Durchfälle; Schweißausbrüche; trübe Harnausscheidungen, gallig, klebrig, dunkelbraun wie die von Lasttieren, laugenhaft, verschiedenartig verfärbt; Abszesse an den Ohren, in der Leistengegend, an den Gelenken; Mundfäule; gutartiger weißer vaginaler Ausfluß, Gonorrhoe und anderes, oder, was die wichtigere Gruppe ist, fauliges Gemisch wird durch Ausschläge abgeschäumt, worüber Brendel ausführlich geschrieben hat. (o) Doch nun zur Behandlung.

§. 25. Da die faulige, im tiefsten Bereich des Bauches nistende Galle sowohl die besagten Krämpfe durch Sympathie erregt als auch das Fieber selbst ständig durch Zuführung von Zündstoffen entflammt hat, läuft das gesamte System der Krankheit auf die Galle zu, die Energie jeder ärztlichen Behandlung konzentriert sich darauf, diese zu verbessern oder von Grund auf zu beseitigen. Daher ist es die Aufgabe eines kühnen und umsichtigen Arztes, gegen die äußerst tückische Krankheit teils durch Erbrechen, teils durch Abführen anzugehen. Wenn aber dem durch den gesamten Darmtrakt geführten galligen Ballast sowohl Raum als auch Zeit gegeben wird, in der er, an die ihn aufnehmenden Gefäße herangebracht, von möglichst vielen aufgesogen und zum Blut transportiert werden kann – nach der Meinung des großen Sarcone, Stolls und anderer – , dann scheint mir das Erbrechen besser zu sein als das Abführen, da ja das Erbrechen zur Reinigung des Magens und des oberen Darms, das Abführen zur Reinigung des unteren Darms paßt; wahrscheinlich ist es jedenfalls, daß die Wirkung der Brechmittel nicht allein durch die Grenzen des Magens bestimmt wird, sondern daß der gesamte Dünndarm bis zur Dickdarmklappe hin ihrem beherrschenden Einfluß unterworfen ist.

Die außerordentlich umfangreiche Erfahrung meines Lehrers, die Heilmethode, die als die hervorragendste im Akademischen Krankenhaus der hochgelehrte Herr Leibarzt Dr. Reuss anwendet, die Beobachtungen von Männern, die vom hippokratischen Geist

(o) Abhandlung über Abszesse an den Nerven.

viarum in Febribus putridis omne punctum ferre. Repetita scilicet Emesi atque Catharrsi
Archiater D. Consbruch gravissimi morbi jam prima semina[1] suppressit, jam sæva
declarati symptomata eadem audacia cohibuit, qua Venæsectionibus Inflammationes
vehementissimas disjicere solet.

§. 26. Neque tamen ulteriori morbi Decursu, si forsan Virium languor dissuaderet;   5
aut Exanthematis recessuri metus ingrueret, suus est terminus Evacuantibus. Positis
enim Ulceribus artificialibus, datis simul, quæ vim vitæ succendunt, et superficiem
Corporis lubenter petunt quorum ex tribu potior est Camphora, vix de Eventu sinistro
timeas (p). Hoc quidem tempore celebrata Emesis Vires vitales tantum abest ut frangat,
ut potius ad instar Cardiaci mirum in modum refocillet, quod sexcentæ Præceptoris   10
observationes deprædicant.

§. 27. Jam vero apparentibus signis quæ prorupturum Exanthema præsagiunt ex quorum
censu sunt Respiratio suspiriosa, Symptomata convulsiva, sudores acidi et alia, Diaphoresis
in usum vocanda est, ac ponenda simul Ulcera artificialia, quæ hæsitans Exanthema ad
cutem invitant; lenique illic stimulo figant. Adjungantur[2] antiputridinosa, quæ inter   15
primas tenent Cortex peruvianus, Sal ammoniacus acidumque Vitrioli, quæ putredinem
incipientem coercent, ac Vires lapsas restaurant. Placent simul Decocta demulcentia,
quæ acredinem involvendo sopiunt atque refrigerant. Opium vero ab hoc morbi genere
egregie abesse potest, nec sane hic gladius Delphicus est, qualem Sydenhamus deprædicavit.

(p)[3] Cum his confer Diss. Brendel. De Seriori usu Evacuantium in quibusquam acutis.   20
   Nec non ipse Febrium domitor Sydenhamus in seriori adhibitione purgantium et
   Emeticorum Salutem quæsivit . Quodsi[4] nobis ait , ut sæpe fit sero accersitis non
   licuerit Emeticum propinando ægrorum saluti sub febris initio consulere, certe
   tamen, convenire existimaverim, ut quovis morbi tempore illud fiat, modo Vires /
   eo usque morbus non attriverit, ut Emetici Vim ferre jam amplius nequeant. Equi-   25
   dem ego die Febris duodecimo vomitum imperare non dubitavi, etiam cum æger
   vomiturire desiisset, neque sine fructu: Eo namque diarrhoeam sustuli, quæ sanguinem in peragenda despumatione impedivit, quin et serius idem facere minime
   dubitarem nisi virium attritarum ratio prohiberet. Th. Sydenh. opera. med. T. I.
   Genev.. S. I. Capit. 4.to. p. 33.   30

---

[1]seminia *(Schreibversehen)*   [2]Abjunganur *(Schreibversehen)*   [3]*Fußnote auf zwei Seiten*   [4]S. 1. Capit.
IV.to. p. 33. Quod|si|

geprägt wurden, haben mich schon hinreichend gelehrt, daß Entleerungen der Hauptwege bei fauligen Fiebern den Kernpunkt bilden. Durch wiederholtes Erbrechen und Abführen nämlich hat der Leibarzt Dr. Consbruch die ersten Anzeichen dieser so schweren Krankheit unterdrückt, außerdem die schrecklichen Symptome der offenkundig
5 gewordenen Krankheit mit demselben Mut aufgehalten, mit dem er durch Venenschnitte die heftigsten Entzündungen zu vernichten pflegt.

§. 26. Aber dennoch ist im weiteren Verlauf der Krankheit, falls vielleicht Ermattung der Kräfte davon abriete oder einen Angst befiele, daß der Ausschlag verschwinden könne, den Entleerungen keine eigene Grenze gesetzt. Nachdem man nämlich künstliche Ge-
10 schwüre angelegt, gleichzeitig Mittel verabreicht hat, welche die Lebenskraft anfachen und bevorzugt auf die Körperoberfläche einwirken, aus deren Gruppe der Kampfer recht wirkungsvoll ist, dürfte man kaum einen unglücklichen Ausgang befürchten (p). Ein zu dieser Phase allgemein verbreitetes Erbrechen jedenfalls ist so weit davon entfernt, die Lebenskräfte zu schwächen, daß es sie vielmehr wie ein Herzmittel auf wunderbare Weise
15 wiederbelebt, was sechshundert Beobachtungen meines Lehrers verkünden.

§. 27. Wenn aber nun Anzeichen in Erscheinung treten, die den bevorstehenden Ausbruch eines Ausschlags ankündigen, zu deren Einschätzung keuchende Atmung, Symptome von Krämpfen, saure Schweißausbrüche und anderes gehören, ist Schweißtreibendes in Anwendung zu bringen, und gleichzeitig müssen künstliche Geschwüre angelegt werden,
20 die den zögerlichen Ausschlag auf die Haut locken und ihn dort mit sanftem Anreiz anheften sollen. Hinzufügen sollte man gegen die Fäulnis wirkende Mittel, unter denen den ersten Rang einnehmen die Peruvianische Rinde, Salmiak und Vitriolsäure, die die beginnende Fäulnis hemmen und die ins Wanken geratenen Kräfte wiederherstellen. Beruhigend sind zugleich wohltuende Abkochungen, die die Schärfe durch Einhüllen
25 betäuben und abkühlen. Opium jedoch kann bei dieser Krankheitsart am ehesten fehlen, und gewiß handelt es sich hier nicht um ein ‚Delphisches Schwert‘, wie es Sydenham

(p) Vergleiche damit die Abhandlung Brendel, Über den späteren <späten> Gebrauch
von Entleerungsmitteln bei bestimmten akuten Krankheiten. Sogar der Bezwinger
der Fieberarten selbst, Sydenham, suchte einen Heilerfolg in späterer <später> An-
30 wendung von Abführ- und Brechmitteln. Wenn es aber, so sagt er uns, nicht möglich
gewesen ist, durch Verabreichung eines Brechmittels für das Wohl der Kranken zu
Beginn des Fiebers zu sorgen, wie dies uns oft passiert, weil wir zu spät herbeigerufen
worden sind, so würde ich dennoch mit Sicherheit annehmen, daß es angemessen
ist, jenes zu jedem möglichen Zeitpunkt der Krankheit zu tun, wenn nur die Krank-
35 heit die Kräfte nicht so weit zerrieben hat, daß sie die Stärke des Brechmittels schon
nicht mehr ertragen können. Ich jedenfalls habe nicht gezögert, am zwölften Tag des
Fiebers ein Erbrechen anzuordnen, auch dann, als der Kranke aufgehört hatte zu
erbrechen, und nicht ohne Erfolg: Dadurch nämlich habe ich einen Durchfall behoben, der das Blut bei der Durchführung der Abschäumung behinderte, ja, ich
40 würde auch nicht im geringsten zögern, dasselbe sogar noch später vorzunehmen,
wenn nicht der Zustand der zerrütteten Kräfte dies verhinderte. Th. Sydenham,
Medizinische Werke, Band 1, Genf, Teil 1, Kapitel 4, Seite 33.

Alvus Clysmatibus aperienda, quem in finem Infusa de Chamomillis, et Serum lactis salinum, quin si Putredo vehementius urgeret, Decocta Chinata commendassem. Fuit ubi Febre[1] nimis exorbitante ac ingruente Suffocationis metu Sanguinis missio exposcebatur, quæ vero quod generatim dictum sit, in Febre putrida negligi mavult quam institui. Diæta sit e vegetabili regno: Atmosphæra libera, aperta, frigidiuscula, ac continenter 5 correcta ope Ventilatorum.

§. 28. Quæ omnia si ad leges ratione dictatas institueris, nec malum Viscerum compagem jam exsolverit, nec Vires Vi morbi oppressæ impares cedant gravissimum morbum mitescentem gaudebis. Prima quidem spes affulgebit, si spastica symptomata aut Emesi Catharrsique celebrata, aut Exanthemate propullulante remittant, quin plenario cessent, 10 si sopore excussus homo resipiscat, jamque cibos appetere incipiat. Ne vero ad Sudores urinasque[2] coctas respicias, ne[3] Crisi perfectæ inhies in morbo in quo regulari Virium typo subverso jam beant imperfectissimæ. A Sudoribus partialibus utut profusissimis prorsus nihil expectandum est teste Hippocrate (q) utpote qui nec justo Criseos tempore fluunt, nec nisi spastice emulgentur. Summa Salus in Intestinorum expurgationibus, 15 Exanthematum justo moderamine, et abscessibus externis, quos diutius post morbum alendos suadet Brendelius. Exhaustis mali fomitibus ad restituendum Solidorum tonum et corrigendam crasin humorum te convertas, quod Martialibus Chinatis, Aquis mineralibus medicatis, Herbis amaris sanguinem depurantibus obtinebitur.

§. 29. Sin vero in pejus semper malum ruat, ac spasmi ferociores continenter insistant 20 nec fractæ Vires vitales sufficiant perpetim generatæ biliosæ saburræ ad cutem promovendæ aut prævalens Stimulus, quem sistit[4] putridum colliquamen primis Viis inhabitans, Exanthema ad interiora quasi revellat, aut gangrænam istud concipiat nigrumque colorem contrahat, aut Vires atque Succos immanis abluat Diarrhoea colliquativa, aut miasmatica pituita pulmonum latebris irretita dejectis Viribus Respirationis nesciat extricari, et 25

(q) Febricitanti sudor oboriens, febre non remittente, malum. aph. S. IV. a. 56.

---

[1] Đ Febre [2] urinasquae [3] đne [4] quem ⌈sistit⌉ putridum

verkündet hat. Der Darm ist durch Klistiere zu öffnen, zu welchem Zweck ich Kamil-
lenaufguß, salzige Molke, ja sogar, falls die Fäulnis allzu heftig belästigen würde, abgekochte Chinarinde empfohlen hätte. Es kam vor, daß man bei allzu sehr sich ausbrei-
tendem Fieber und aufkommender Angst vor dem Ersticken einen Aderlaß forderte, der
5 allerdings, was allgemein gesagt sei, bei fauligen Fieber lieber vermieden als vorgenommen
werden soll. Die Ernährung soll aus dem Pflanzenreich erfolgen: Die Luft in der Umgebung sei frei, offen, etwas kühler und mit Hilfe von Lüftungsvorrichtungen ständig
verbessert.

§ 28. Wenn man dies alles nach den von der Vernunft bestimmten Vorschriften vorge-
10 nommen, das Übel noch nicht das Gefüge der Eingeweide aufgelöst hat und auch die
Kräfte nicht weichen, obwohl sie von der Macht der Krankheit niedergedrückt und ihr
nicht ebenbürtig sind, dann wird man sich darüber freuen, wie diese äußerst schwere
Krankheit milder wird. Ein erster Hoffnungsschimmer jedenfalls wird aufleuchten, wenn
die krampfartigen Symptome entweder durch häufig angewandtes Erbrechen und Ab-
15 führen oder durch das Ausbrechen von Ausschlag zurückgehen, ja sogar vollständig
ausbleiben, falls der aus der Betäubung wachgerüttelte Mensch wieder zu sich kommt
und schon beginnt, nach Speisen zu verlangen. Man nehme jedoch keine Rücksicht auf
Schweißausbrüche und Ausscheidungen gekochten Urins, man lauere nicht begierig auf
eine vollkommene Krise bei einer Krankheit, bei der nach der Zerstörung der regelmä-
20 ßigen Ordnung der Kräfte bereits die unvollkommensten Krisen zufriedenstellen. Von
lokalen Schweißausbrüchen, mögen sie auch noch so reichlich sein, darf man, nach dem
Zeugnis des Hippokrates (q), überhaupt nichts erwarten, da sie ja nicht zum passenden
Zeitpunkt der Krise fließen und lediglich im Verlaufe eines Krampfes ausgemolken
werden. Die höchste Heilwirkung liegt in den Reinigungen der Eingeweide, in der an-
25 gemessenen Lenkung der Ausschläge und in den äußeren Geschwüren, die, wie Brendel
rät, noch längere Zeit nach der Krankheit gefördert werden sollen. Wenn die Zündstoffe
des Übels vernichtet sind, möge man sich der Wiederherstellung der Spannkraft der
festen Bestandteile des Körpers und der Verbesserung der Säftemischung zuwenden, was
durch eisenhaltige Chinarindenmittel, heilkräftige Mineralwässer und bittere blutreini-
30 gende Pflanzen erreicht werden wird.

§. 29. Falls jedoch das Übel immer weiter zum Schlimmeren abstürzt, allzu heftige
Krämpfe andauernd fortbestehen und die gebrochenen Lebenskräfte nicht ausreichen,
um den ständig erzeugten galligen Ballast auf die Haut zu befördern, oder falls der überaus mächtige Reiz, den die faulige, den Magen-Darm-Trakt innewohnende Flüssigkeit
35 hinstellt, den Ausschlag sozusagen in das Leibesinnere wegreißt oder dieser den heißen
Brand empfängt und eine schwarze Färbung annimmt oder falls ein ungeheurer wässriger
Durchfall die Kräfte und Säfte fortspült oder der in den Schlupfwinkeln der Lungenflügel verstrickte miasmatische Schleim durch die Schädigung der Atmungskräfte nicht
entfernt werden kann und der Rotz sich in den inaktiven Verzweigungen der Bronchien

40 (q) Bei einem Fiebrigen aufkommender Schweiß ist, wenn das Fieber nicht nachläßt,
     ein Übel. Aphorismen, Teil 4, 56.

Mucus coacervetur in otiosis bronchiorum ramis, et Stertor iste moribundus percipiatur, et Spiritus difficillime trahatur, aut[1] homo mersus sopore profundissimo nulla arte excutiendus sit, aut Syncopen Syncope excipiat, aut fatalis iste singultus exaudiatur quem jam Cous lethalem pronunciarit, et sudor extincti Lampadis odorem referat, et lingua, et fauces, et urina nigrescant, et pulsus intermittat, et Chordæ ad instar intremat, et   5
extrema perfrigescant et labium aut Nasus aut oculus aut supercilium distorqueatur, nec homo audiat, nec videat jam debilis existens, quicquid horum fiat lethale est (r).

§. 30. Si vero neque mortis neque salutis signa luculentius se exhibeant, et æger paullo levius habere incipiat citra omne[2] Criseos indicium et urina cruda reddatur, aut aquosa aut ingravescente febre rubicunda, et tussicula accedat, et Febris ad statas periodos   10
recurrat cum horroribus, et Sudores matutini caput et superiora perstringant, et lingua præter modum gracilis[3] sit et munda, et ad apicem rubicunda, et urinæ pinguis innatet cuticula et Corpus sensim sensimque contabefiat Febrem putridam in lentam abiisse, per factam ad Viscus quoddam Hepar et Pulmones præcipue, metastasin haut injusta suspicio est. Generatim notandum, Febres maligni ordinis vix alio modo, quam Metastasi   15
tum nervosa tum materiali, diutius superstite, exhauriri, aut per Longum Febrium acutarum Syrma hominem tandem opprimere. Innumeræ certe Arthritides, Ulcera et exanthemata chronica, fluores, paralyses, mentis hebetudines, Maniæ, Melancholiæ, Hypochondriæ quin Epilepticæ invasiones quarum remotiores caussas eruere non possunt, a Febre maligna olim Sæviente, ac Crisi imperfecta soluta prima Semina[4]   20
trahunt.

   + Liceat mihi memorabilem Casum Febris putridæ exanthematicæ junctæ cum singulari Pituitæ degeneratione, pituitam vitream vocant e penu <u>Præceptoris</u> practico depromptum adnectere.

   »Femina[5] quædam 40 circiter annorum ex aliquo tempore multis afflicta fuit injuriis,   25
atque ut est taciturna et meticulosa, captam ex iis indignationem imo sub pectore condebat, ac memores fovebat iras. Æstate anni 1773 multa biliosa forte evomuit die 16to novembris laxans quoddam infusum assumsit frequenter ipsi alvum movens. Postero die vehemens horror invasit ægram ab hora IVta vespertina ad nonam usque perdurans, tum calor toto corpore accendi coepit maximam vim ab hora ista nona usque ad 12 mam   30
nocturnam exserens. Jam vires aliquantulum labebantur, caput artuumque articuli dolebant, hypochondriis etiam et ossis sacri regioni dolor aliquis inhæsit, et præcordia

(r) Hipp. Aphorismi. Sect. VII. aph. LXXIII. ejusd. prognostica et Prædictiones.

---

[1] aut ~~Sopore profundissimo~~   [2] citram ~~omnem~~   [3] Cgracilis   [4] Seminia *(Schreibversehen)*   [5] ~~Foemina~~

anhäuft und der den Tod ankündigende Schnarchton wahrgenommen und das Atem-
holen nur sehr schwer vollzogen wird oder der in tiefste Betäubung versunkene Mensch
durch kein Mittel aufzurütteln ist oder falls eine Ohnmacht auf die andere folgt oder falls
sich der berüchtigte unheilverkündende Schluckauf ankündigt, den schon der Koer als
5   todbringend bezeichnet hat, und falls der Schweiß den Geruch einer ausgelöschten Lampe
wiedergibt und Zunge, Rachen und Harn schwarz werden, der Pulsschlag aussetzt und
wie eine Saite erzittert und die Gliedmaßen kalt werden und Lippe, Nase, Auge oder
Braue sich verzerren und der Mensch weder hört noch sieht und nur noch schwach lebt
– was auch immer von all diesem geschieht, es ist tödlich (r).

10 §. 30. Falls sich jedoch weder Anzeichen von Tod noch von Genesung in deutlicherer
Form zeigen und der Kranke beginnt, sich ein wenig leichter zu fühlen ohne jedes Zeichen einer Krise, und falls der Harn roh wird oder wässrig oder sich rötlich färbt bei
steigendem Fieber und ein leichter Husten hinzukommt, das Fieber in bestimmten
Perioden mit Anfällen von Schüttelfrost zurückkehrt, morgendliche Schweißausbrüche
15 den Kopf und die oberen Körperteile erfassen, die Zunge übermäßig dünn und rein und
an der Spitze rötlich ist und im Urin eine fettige kleine Haut schwimmt und der Körper
ganz allmählich verfällt, dann besteht ein nicht unberechtigter Verdacht, daß das faulige
Fieber in ein schleichendes übergegangen ist, und zwar infolge einer Verlagerung in
gewisse Eingeweide, vorwiegend in Leber und Lungen. Allgemein ist anzumerken, daß
20 Fieber der bösartigen Gruppe bei einem Menschen, der länger überlebt, sich kaum auf
andere Weise überstehen lassen als durch eine Verlagerung teils auf nervösem, teils auf
materiellem Wege, oder daß sie durch ein langes sich Hinschleppen akuter Fieber den
Menschen schließlich zugrunde richten. Zahllose Gelenkentzündungen, Geschwüre und
chronische Ausschläge, Ausflüsse, Lähmungen, Zeichen geistiger Stumpfheit, Manien,
25 Melancholien, Hypochondrien, sogar epileptische Anfälle, deren tiefere Ursachen man
nicht herausfinden kann, nehmen ihre ersten Keimzellen sicherlich von einem bösartigen
Fieber, das vormals wütete, und von einer unvollkommen abgeschlossenen Krise.
        + Es sei mir gestattet, einen denkwürdigen Fall eines fauligen Ausschlagfiebers anzu-
        fügen, verbunden mit einer außerordentlichen Abartigkeit des Schleims – man
30   nennt den Schleim ‚glasig‘ – , einen Fall, der dem praktischen Erfahrungsschatz
        meines Lehrmeisters entnommen ist.
        „Eine Frau von etwa 40 Jahren war seit einiger Zeit infolge vieler Kränkungen nieder-
geschlagen, und schweigsam und ängstlich verbarg sie tief in ihrer Brust den sich daraus
ergebenden Unwillen und hegte dazu auch nachtragende Gefühle des Zorns. Im Sommer
35 des Jahres 1773 erbrach sie einmal viel Galliges, am 16. November nahm sie einen bestimmten abführenden Aufguß ein, der bei ihr häufig den Stuhlgang anregte. Am darauffolgenden
Tag befiel die Kranke ein heftiger Schauder, der von der vierten bis zur neunten Abend-
stunde andauerte. Dann begann sich am ganzen Körper eine Hitze zu entzünden, die ihre
größte Kraft von eben dieser neunten bis zur zwölften Nachtstunde zeigte. Schon gerieten
40 die Kräfte ein wenig ins Wanken, der Kopf und die Gelenke der Gliedmaßen schmerzten,
auch im Oberbauch und im Bereich des Kreuzbeins setzte sich ein gewisser Schmerz fest,

(r) Hippokrates, Aphorismen, Teil 7, Aphorismus 73. Derselbe, Vorzeichen und Vor-
    hersagen.

ex spasticis laborabant angustiis. Ea symptomata die 18vo Novembr. per vices rediere: die 19no ego de Venæsectione consultus sum. Scire autem convenit, sanguine admodum abundanti foeminæ novissime justo parcius fluxisse menstrua, qua propter permisi sanguinis missionem, licet alias minime facilis essem ad sanguinis profusiones in hujusmodi febribus; prolatum sanguinem parum seri exhibuisse, et cruori lividam crustam esse innatam, mihi denunciatum est. Die 20mo post inquietam noctem consueta febrilis invasio vespertinis horis rediit. Quum emetica abhorreret jam pridie propinatum est laxans sensim capiendum, idquot bene alvum duxit et aliquot vomitus movit. Die vigesimo primo ægrotam conveni, ea in primis vehementem in occipite dolorem accusavit, brachiorum articulos adhucdum dolor tenuit, pulsus parvus fuit et celeriusculus. In pectore collo et brachiis rubræ hinc inde petechiæ apparebant maculis istis a pulicum morsibus exortis, consimiles. Circa præcordia angustiæ hærebant, et abdomen multis turgebat flatibus. Cum autem hodie ægrota nullo permota medicamine biliosa evomuit, eam etiam atque etiam rogavi, velit demum periclitatæ vitæ suæ melius consulere, et implacabile adhuc in vomitoria deponere odium. Illa ægre obtemperans devoravit tandem emeticum quod multum biliosæ saburræ excussit; Nox parum attulit somni; Die 22$^{\underline{do}}$ versus meridiem et serius horrores subinde incidebant, quos Calor insequebatur capitis dolorem revocans. Nunc corpus petechiis scatebat, et crura stupor quidam tenebat; die 23$^{\underline{tio}}$ mihi relatum est, noctem fere omni somno orbam fuisse, dein hoc mane parum cruoris e naribus stillasse. Post meridiem foeminam contra morem suum loquacem inveni, facies intense rubebat, pulsus parvus erat et celer, caput denuo subitus invadebat dolor, et totum corpus aliquoties repentinis quatiebatur convulsionibus: Vesperi utrique pedi vesicans Emplastrum admotum est; Nox bona neque prorsus insomnis transacta. Die 24$^{\underline{to}}$ calorem inveni modicum, pulsum parvum et succelerem, oculi turbidi erant ac paullum inflammati, sermo pacatus, capitis dolor exiguus, et auditus aurium susurru ex parte impeditus. Fauces tenax mucus obsidebat, crebri screatus necessitatem faciens. Igitur syringæ ope in fauces injectiones fiebant, quibus multum muci emissum fuit. Stricta alvus clysmate ducebatur. Post solutam alvum meliuscula ægrota, somno tamen per noctem orba. Die XXVto remittebant et calor et flatulentia, ac ulcera cantharidibus excitata parum suppurabant. Die XXVI.to lingua purior, tussis rara sanguinisque e naribus profluvium. Orta quoque est levior quædam Dysuria, quam cepæ in lini oleo tostæ et superdatæ pubis regioni multum mitigarunt. Mucus fauces lacessens nocturnam turbavit quietem et crebras oris collutiones exegit. Die 27$^{\underline{mo}}$ Calor satis mitis, faucium

und die Herzgegend litt unter krampfartigen Verengungen. Diese Symptome kehrten am 18. November abwechselnd zurück. Am 19. wurde ich bezüglich eines Venenschnitts konsultiert. Man muß aber wissen, daß bei der Frau, die übermäßig reichlich Blut besaß, in jüngster Zeit die Monatsblutungen sparsamer als angemessen geflossen waren, weshalb
5 ich einen Aderlaß erlaubte, obwohl ich sonst bei derartigen Fiebern im Hinblick auf Blutabschöpfungen alles andere als leichtfertig war; es wurde mir gemeldet, das entnommene Blut habe zu wenig Blutflüssigkeit aufgewiesen und auf dem geronnenen Blut sei eine bläuliche Kruste entstanden. Am 20. kehrte nach einer unruhigen Nacht der gewohnte fiebrige Anfall in den Abendstunden zurück. Da sie Brechmittel verabscheute, wurde ihr
10 schon am Vortag ein langsam einzunehmendes Abführmittel zu trinken gegeben; dies führte den Stuhlgang gut ab und setzte etliche Male ein Erbrechen in Gang. Am 21. Tag besuchte ich die Kranke, sie klagte vor allem über einen heftigen Schmerz im Hinterkopf, der Schmerz in den Gelenken der Arme hielt noch an, der Puls war klein und ein wenig rascher. Auf Brust, Hals und Armen zeigten sich hier und da rote punktförmige Blutungen, ganz
15 ähnlich den bekannten infolge von Flohstichen entstandenen Flecken. Beklemmungen um die Herzgegend hingen fest, und der Bauch war von vielen Blähungen geschwollen. Als aber die Kranke an diesem Tag, ohne von Medikamenten beeinflußt zu sein, Galliges erbrach, bat ich sie immer wieder, sie möge endlich besser für ihr gefährdetes Leben sorgen und ihre bis jetzt unversöhnliche Abneigung gegen Brechmittel ablegen. Widerwillig ge-
20 horchte sie und schluckte endlich ein Brechmittel, das eine Menge von galligem Ballast herausbeförderte. Die Nacht brachte zu wenig Schlaf; am 22. Tag traten gegen Mittag und später wiederholt Schauder ein, auf die eine Hitze folgte, die wiederum Kopfschmerz hervorrief. Nun wimmelte der Körper von punktförmigen Blutungen, und die Unterschenkel beherrschte eine gewisse Gefühllosigkeit. Am 23. Tag wurde mir berichtet, ihre Nacht
25 sei fast jedes Schlafes beraubt gewesen; daraufhin sei an diesem Morgen ein wenig dickes Blut aus den Nasenlöchern getropft. Nachmittags fand ich die Frau, entgegen ihrer Gewohnheit, gesprächig vor, das Gesicht war intensiv gerötet, der Puls war klein und schnell, den Kopf befiel erneut ein plötzlicher Schmerz, und der ganze Körper wurde einige Male von unvermuteten Krämpfen geschüttelt. Am Abend wurde auf beide Füße ein blasenzie-
30 hendes Pflaster aufgelegt. Die Nacht war gut und wurde nicht völlig schlaflos verbracht. Am 24. fand ich mäßige Hitze und einen kleinen, etwas beschleunigten Puls vor, die Augen waren trübe und leicht entzündet, das Sprechen ruhig, der Kopfschmerz gering, und das Hörvermögen teilweise durch einen Summton in den Ohren beeinträchtigt. Den Schlund belegte ein zäher Schleim, der ein häufiges Räuspern notwendig machte. Mit Hilfe eines
35 Rohrs erfolgten daher Einspritzungen in den Schlund, wodurch viel Schleim herausgeholt worden ist. Mittels Klistier wurde der verschlossene Darm abgeführt. Nach Entleerung des Unterleibs ging es der Kranken etwas besser, trotzdem war sie die Nacht hindurch ohne Schlaf. Am 25. Tag ließen sowohl Hitze als auch Blähungen nach, und die Geschwüre, die von den aus Spanischen Fliegen gewonnenen Substanzen hervorgerufen waren, eiterten ein
40 wenig. Am 26. Tag war die Zunge reiner, der Husten selten, und aus den Nasenlöchern floß Blut hervor. Auch stellten sich beim Wasserlassen leichtere Beschwerden ein, die in Leinöl geröstete und auf die Schamgegend gelegte Zwiebeln sehr milderten. Der den Schlund reizende Schleim störte die Nachtruhe und erforderte häufige Mundspülungen. Am 27. war die Hitze recht mild, die Rachenbeschwerden noch nicht behoben, das

molestiæ nondum discussæ, mictio difficilis, nox insomnis, alvus magis soluta, fæces liquidæ, et aliquoties cum tenesmo elisæ; Mane diei 28$\underline{^{vi}}$ novum apparebat symptoma, siquidem ægrota de ingenti frigore in Ventriculo et intestinis querebatur. Post meridiem ipse adfui, supererat teste ægra, solo in ventriculo sensus istius frigoris. Cataplasmata emollientia superdata abdomini imminuebant frigus illud, sed excitabant sanguinis ad 5 Caput impetum, fluxumque cruoris e naribus, quocirca omitti debuerunt. Tum vero et abdominales[1] spasmi præsto erant, et anxietates præcordiorum suspiria inducentes. Deglutita cum sono in ventriculum descendebant, perinde ac in vacuum quoddam Vas delaberentur. Loquela balbutiens[2], pulsus pomeridianis horis parvus, et minus celer quam vesperi, mictio primo difficilis postea minus impedita; nox una ex optimis. Die 29no et 10 nocte insequente morbus mitiorem indolem retinebat. At die 30$\underline{^{mo}}$ omnia in pejus ruebant, namque ægrota balbutire et ingesta moleste deglutire coepit, brachia sæpe tremebant faucesque importuna titillatione lacessitæ a devorato quasi pipere urebantur. Subinde foemina in breves incidebat somnos, ac interdum a frigida aura sese afflari existimabat. Post meridiem sudor erupit primo exiguus dein vesperascente jam die largior. Querimoniæ 15 de magni frigoris sensu in ventriculo iterum movebantur. Simul flatus in Ventriculo obmurmurarunt. Alvus tarda fuit. Mane diei 1mi Decembr. uti de frigore in Ventriculo sic etiam de frigoris sensu in sinistro brachio sinistroque pede querelæ erant, neque tamen pes aut brachium ad tactum frigebant, corpus tepido sudore irrorabatur, artusque crebra formicatio levesque convulsivi motus infestabant. Ipse ego hodie in collo & circa Claviculas 20 ægrotæ albas miliares papulas conspexi. Nunc sonus in deglutiendo imminutus somnolenta ægra continue in dorso jacuit, palpebris per somnum haut penitus coeuntibus. Die 2do Dec. bonam noctem æque bonus dies insequebatur, cutis assiduo sudore, pedumque ulcera bono pure madebant, nox satis commoda. Die 3$\underline{^{io}}$ ipse vidi ægrotam; sudor tepidus et foetens, alvus facilis, sermo minus impeditus. Cum hoc vesperi tum etiam hac nocte sensus 25 istius frigoris molestias fecit. Die IVto foetidi sudores ubertim profluebant: Vespere ad ægrotam veni, auditus facilior videbatur, pulsus sub initio parvus et tardus erat, postea cum parvo celer fiebat. Nocturna quies ob incidentem tussim aliquoties turbata. Die 5$\underline{^{to}}$ demum vera sensus frigoris caussa in conspectum prodiit, siquidem hoc mane magna copia glutinosæ pituitæ per iteratos vomitus ejiciebatur. Erat ea foetens, ex virore flava, gelatinæ 30 instar tremulæ, et frigida ad tactum. Nunc præcordiis multum levaminis accidit, neque unquam internum rediit abdominis frigus. Die 6to sudor modicus, tussis mitior, somnus parcus, appetitus exiguus, petechiæ fere nullæ. Die 7mo tussis tantum non desiit, viribus ita auctis ut ægrota per dimidiam horam extra lectum esse posset: nox placida. Die 8vo

---

[1]an**b**dominales [2]balbuties *(Schreibversehen)*

Harnlassen schwierig, die Nacht schlaflos, der Stuhlgang löste sich leichter, der Kot war flüssig und wurde einige Male, einhergehend mit Stuhldrang, entleert. Am Morgen des 28. trat ein neues Symptom auf, da die Kranke über gewaltige Kälte im Bauch und in den Gedärmen klagte. Am Nachmittag war ich selbst anwesend, nach Aussage der Kranken 5 blieb allein noch im Magen das Gefühl besagter Kälte übrig. Aufweichende Breiumschläge, auf den Bauch gelegt, verringerten jene Kälte, erregten aber einen Drang des Blutes zum Kopf hin und reißendes Nasenbluten, deswegen mußten sie weggelassen werden. Daraufhin traten jedoch sowohl Bauchkrämpfe auf als auch Beklemmungen in der Herzgegend, die zu Keuchen führten. Hinuntergeschlucktes sank mit einem Geräusch in den Magen hinab, 10 wie wenn es in ein leeres Gefäß hinabglitte. Die Sprechweise war ein Stammeln, der Puls in den Nachmittagsstunden klein und weniger schnell als am Abend, das Harnlassen zunächst schwierig, später weniger gehemmt; die Nacht eine der besten. Am 29. Tag und in der folgenden Nacht behielt die Krankheit ihre mildere Form bei. Aber am 30. Tag begann alles zum Schlimmeren abzustürzen, denn die Kranke fing an zu stammeln und 15 die zugeführte Nahrung nur mit Mühe hinunterzuschlucken, die Arme zitterten oft, und der Schlund, gereizt durch einen lästigen Kitzel, brannte wie von verschlungenem Pfeffer. Ab und zu fiel die Frau in einen kurzen Schlaf und glaubte manchmal, ein kalter Luftstoß wehe sie an. Am Nachmittag brach Schweiß aus, zunächst gering, dann, als der Tag sich schon zum Abend neigte, recht ergiebig. Klagen über ein Gefühl großer Kälte 20 im Magen wurden wiederum vorgebracht. Gleichzeitig brummelten Blähungen im Magen. Der Stuhlgang war träge. Am Morgen des 1. Dezembertages gab es Klagen wie über Kälte im Magen, so auch über ein Kältegefühl im linken Arm und im linken Fuß, aber dennoch waren Fuß oder Arm beim Berühren nicht kalt, der Körper war feucht von lauwarmem Schweiß, und häufiges Ameisenkribbeln und leichte krampfartige Be- 25 wegungen plagten die Gliedmaßen. Ich selbst habe an diesem Tag am Hals und um die Schlüsselbeine der Kranken herum weiße hirseartige Hautknötchen erblickt. Nun war das Geräusch beim Hinunterschlucken vermindert, die Kranke lag schläfrig dauernd auf dem Rücken, wobei sich die Augenlider während des Schlafes nicht ganz schlossen. Am 2. Dezember folgte auf eine gute Nacht ein gleich guter Tag, die Haut war von ständigem 30 Schweiß, die Geschwüre an den Füßen von gutartigem Eiter feucht, die Nacht war recht angenehm. Am 3. Tag sah ich selbst die Kranke; der Schweiß war lauwarm und übelriechend, der Stuhlgang leicht, das Sprechen weniger gehemmt. Sowohl an diesem Tag als auch besonders in dieser Nacht verursachte das Gefühl besagter Kälte Beschwerden. Am 4. ergossen sich stinkende Schweißabsonderungen reichlich. Am Abend kam ich zu der 35 Kranken, das Hörvermögen schien leichter zu sein, der Puls war zu Anfang klein und langsam, später wurde er schnell, blieb aber klein. Die Nachtruhe war wegen eines auftretenden Hustens einige Male gestört. Am 5. Tag schließlich kam die wahre Ursache des Kältegefühls zum Vorschein, da an diesem Morgen eine große Menge klebrigen Schleims durch wiederholtes Erbrechen ausgeworfen wurde. Diese war übelriechend, 40 grünlich-gelb, wie zittrige Gelatine, und beim Berühren kalt. Nun trat in der Herzgegend eine erhebliche Erleichterung auf, und die innere Kälte des Bauches kehrte nicht mehr zurück. Am 6. Tag war der Schweißausbruch mäßig, der Husten milder, der Schlaf spärlich, der Appetit gering, punktförmige Blutungen gab es fast keine mehr. Am 7. Tag hörte der Husten fast auf, während die Kräfte so gestärkt waren, daß die Kranke sich 45 eine halbe Stunde lang außerhalb des Bettes aufhalten konnte: Die Nacht war ruhig. Am

ipse vidi ægrotam pulsus fuit moderatus, sudor tepidus tussis rara, miliares pustulæ evanidæ. Febris magnas remissiones præstans, et in ipsa sua exacerbatione mitis, fauces doluere, et ingesta difficulter per gulam descenderunt. Decoctum Salviæ per Syringam in fauces injici jubebam, ob Febris quoque mitiorem indolem aliquid Vini multa aqua diluti permiseram. Cum alvus impedita esset, Clysma ex floribus Chamomillæ vulgaris, in aqua coctis additis sale communi et melle adhibendum erat. Die IX^mo ob frequentes ructus et foetentem oris halitum[1] laxans remedium porrigebatur; quoniam vero medicamenti effectus justo tardior erat, alvus clysmate ducebatur. Die X^mo soluta satis alvo Calor deferbuit; Discusso per dei gratiam tam ancipitis aleæ morbo, viribusque inter multum somnum, et magnam ad varias epulas cupiditatem[2] succrescentibus lætus demum ad valetudinem factus fuit recursus. Decoctum Chinatum cum Rheo et salibus basin curationis constituit.«

§ 31.

Quum itaque bina morbi genera, quorum nonnisi extremos caracteres delineandos mihi sumsi, fugaci oculo pervagamur, quoad essentiam discrepare invenimus. Summa subest caussarum efficientium, summa primordiorum, decursus, Symptomatum, exitusque diversitas, summum obtinet in Methodo medendi discrimen. Quæ enim adversus primum efficacissimum[3] præstat antidoton Venæsectio, virus[4] nocentissimi vices gerit in secundo; qui Phlogosin summo gradu exacuerent Vitrioli spiritus et cortex peruvianus, adversus Putredinem prodigia edunt.

Sed tantum abest ut Morbus alter alteri adversetur, ut potius in perniciem generis humani amicissime componantur, ex quo damnoso connubio tertium prosilit Morbi Monstrum, Febrem biliosam inflammatoriam appellant.

§ 32.

Febris[5] biliosa inflammatoria, dum[6] Sedes pectus potissimum habeat Pleuritidis biliosæ nomen vulgo gerere consuevit; medium quoddam tenet inter binos antecedentes ita ut inflammatorium principium putridum cohibeat, putridum contra inflammatorium infringat. Præterea anni tempora, tempestatesque sequitur. Quo propius ab Hyeme distat, eo luculentius Phlogosis prævalet, quo propius æstati accedit, eo latius Putredo dominium protendit, ut sub medio Cane in veram putridam degeneret, ut sub frigore[7] hyberno putridum genium plane exuat, et cum Rigore Ardentis simplicis invadat. Id quidem jam

---

[1]*evtl.* habitum   [2]cupiditatem ~~sus~~   [3]effacissimum *(Schreibversehen)*   [4]~~Virtus~~ [virus] nocentissimi
[5]§ Febris   [6]inflammatoria, ~~ausus~~ dum   [7]sub ~~rigidissima~~ frigore

8. Tag habe ich selbst die Kranke gesehen, der Puls war gemäßigt, der Schweiß lauwarm, der Husten selten, die hirseartigen Pusteln fast verschwunden. Das Fieber, das lange Phasen des Nachlassens aufwies, war selbst bei seiner Verschärfung noch milde, der Schlund schmerzte, und die zugeführte Nahrung wanderte nur schwer durch die Kehle hinab. Ich ließ einen Sud von Salbei durch ein Rohr in den Rachen injizieren, wegen der milderen Form des Fiebers hatte ich auch etwas Wein, verdünnt mit viel Wasser, erlaubt. Da der Stuhlgang gehemmt war, mußte ein Einlauf von den Blüten der gemeinen Kamille, die unter Zugabe von gewöhnlichem Salz und Honig in Wasser gekocht waren, angewendet werden. Am 9. Tag wurde wegen häufigen Aufstoßens und stinkendem Atem des Mundes ein abführendes Heilmittel gereicht; weil aber die Wirkung des Medikaments langsamer war als angemessen, wurde der Stuhlgang durch einen Einlauf herbeigeführt. Am 10. Tag gärte nach genügend lockerem Stuhlgang die Fieberhitze aus. Nachdem durch Gottes Gnade die Krankheit, deren Würfelspiel so schwankend ist, vertrieben worden war und die Kräfte bei viel Schlaf und großem Verlangen nach verschiedenen Speisen wieder gewachsen waren, erfolgte schließlich die glückliche Rückkehr zur Gesundheit. Abgekochte Chinarinde mit Rhabarber und Salzen schuf die Basis der Heilung.“

§ 31.

Wenn wir daher die beiden Krankheitsarten, deren ausschließlich hervorstechendsten Eigenschaften zu skizzieren ich mir vorgenommen habe, mit flüchtigem Auge durchstreifen, finden wir, daß sie wesentlich voneinander abweichen. Zugrunde liegt ihnen eine sehr große Verschiedenheit der Wirkursachen, ebenso der Anfänge, des Verlaufs, der Symptome und des Ausgangs, ein sehr großer Unterschied besteht auch in der Heilmethode. Der Venenschnitt nämlich, der gegen die erste Fieberart das wirkungsvollste Gegenmittel bietet, spielt bei der zweiten Fieberart die Rolle eines äußerst schädlichen Giftes; Vitriolgeist und Chinarinde, die eine Entzündung in höchstem Maße verschärfen würden, wirken gegen Fäulnis Wunder.

Aber die eine Krankheit ist weit entfernt, der anderen entgegenzuwirken, vielmehr verbinden sie sich zum Verderben des Menschengeschlechts auf freundschaftlichste Weise miteinander, eine verhängnisvolle Vermählung, aus dem ein drittes Krankheitsungeheuer entspringt, man nennt es das gallig-entzündliche Fieber.

§ 32.

Da das gallig-entzündliche Fieber seinen Sitz hauptsächlich die Brust hat, pflegt es gewöhnlich den Namen gallige Brustfellentzündung zu führen; es nimmt eine gewisse Mittelstellung ein unter den beiden vorhergehenden Fieberarten in der Weise, daß das entzündliche Prinzip das faulige in Schranken hält, das faulige dagegen das entzündliche schwächt. Außerdem folgt es den Jahreszeiten und den Witterungsverhältnissen. Je geringer es vom Winter entfernt ist, desto stärker herrscht die Entzündung vor, je näher es an den Sommer heranrückt, desto weiter dehnt die Fäulnis ihren Herrschaftsbereich aus, so daß es mitten während der Hundstage zu einem echten fauligen Fieber ausartet und während der Winterkälte seinen fauligen Charakter ganz ablegt und mit der Kältestarre eines einfachen hitzigen Fiebers hereinbricht. Dies hat jedenfalls bereits der gött-

Divinus annuit Senex quum[1] pronunciasset, æstivos morbos hyemem succedentem solvere, hyemales æstatem succedaneam transmutare. (s) Idem mihi[2] fusissima experientia Archiatri D. Consbruch, quæ tanta est, ut universum genium morbi[3] complectatur, et pro mensura Epidemiæ regnantis accipi possit, abunde testatur.

§. 33.

Tantum quidem Febrium Inflammatoriobiliosarum est[4] dominium, ut vix nec nisi sub horridis Zonis ac inter rusticam gentem, cui præ omni mortalium genere firmioris Organismi, ac illæsæ sanitatis prærogativa concessa esse videtur, Simplicis ardentis vestigium se tibi offerat, vel Veteres ipsi (t) Hippocrates, Aretæus, Alexander et Aurelianus nonnisi Pleuritides biliosas nobis tradiderint, ac symptomata gastrica ad Essentiam Inflammationis censuerint, ut ne ullum ipsius exemplum in urbe Stutgardtia se ostendisse, Medicus toties deprædicatus in Prælectionibus suis publicis sæpe numero fateri coactus fuerit. Mollities quidem atque Luxuria quæ Urbes populosas jam dudum suo subjecere imperio, et jam jam in ipsa Rura, pestilentialis instar contagii, proserpere incipiunt, fracto robore primarum viarum[5] Biliosos[6] morbos in corpora labefactata invitant, quo efficitur, ut qualescunque Morbi biliosum quid induant, et ipsa Inflammatio simplicissima in putridarum systema luxuriet.

§ 34.

Est quidem Pleuritis bilioso Inflammatoria Febris ardens continua, quæ prævio Algore, succedente Æstu consimili invadit cum præcordiorum angustiis, nausea, Vomituritionibus, lingua flavopituitosa, siti, tussi, respiratione difficili, dolore lateris pungitivo, inflato Ventre, alvi fluxu, pulsu duro, citatoque, capitis et membrorum dolore, et aliis; ac intra quatuordecim dies ad statum pertingit. Præcurrerat Lassitudo spontanea phlegmonosogravativa[7], dolores vagi per caput, pectus, abdomen et membra, appetitus dejectus, oris amarities, urinæ biliosæ, fæces liquidæ, flatulentia. Caussæ præcedentes in combinatione[8] singulari Bilis acrioris et superfluæ cum Plethora Vasorum consistunt, quæ Cholerica est temperies. Occasionales a Delictis circa Sex res non naturales epidemice commissis

(s) Vid. Hipp. de Morbis popular. Lib. III. Ægr. XVI.
(t) Hippocr. d. Morbis. L. I. cap. XI. II. et locis innumeris.
     Aretæus de Caus. et. Sign. T. acut. L. I. De Pleuritide.
     Alexander Trall. L. VI. C. I. De Pleuritide.
     Cælius Aurelianus. L. II. C. XIII. De passione pleuritica.

---

[1]qum *(Schreibversehen)* [2]Idem ⌈mihi⌉ fusissima [3]morbi ~~regnantis~~ complectatur [4]Inflammatorio\biliosarum ⌈est⌉ dominium [5]viarum, *(Komma gestr.)* [6]ad Biliosos [7]phlegmonoso gravativa *(Bindestrich fehlt; vgl. korrekte Schreibung in § 3)* [8]præcedentes ~~consistant~~ in combinatione

liche Greis bestätigt, als er verkündete, daß die sommerlichen Krankheiten der folgende Winter behebe, die winterlichen der nachfolgende Sommer ändere. (s) Dasselbe bezeugt mir vollauf die überaus weitreichende Erfahrung des Leibarztes Dr. Consbruch, die so groß ist, daß sie das gesamte Wesen der Krankheit umfaßt und als Maßstab <für die
5 Beurteilung> der herrschenden Volkskrankheit genommen werden kann.

§. 33.

So groß ist jedenfalls der Herrschaftsbereich der entzündlich-galligen Fieber, daß kaum und nur in schaurig kalten Klimazonen sowie in der Landbevölkerung, der anscheinend im Vergleich mit dem ganzen Menschengeschlecht das Privileg eines stärkeren Organis-
10 mus und einer unversehrten Gesundheit zugestanden worden ist, sich die Spur eines einfachen hitzigen Fiebers darbietet, daß sogar selbst alte Autoren (t) – Hippokrates, Aretaeus, Alexander und Aurelian – uns lediglich gallige Brustfellentzündungen überlie-fert haben und die Ansicht vertraten, daß Symptome, die den Magen betreffen, zum Wesen der Entzündung gehören, so daß der schon so oft gerühmte Arzt in seinen öffent-
15 lichen Vorlesungen sich oftmals gezwungen sah zu gestehen, daß sich kein einziges Beispiel eben dieser <einfachen Entzündung> in der Stadt Stuttgart gezeigt habe. Verweichlichung jedenfalls und luxuriöse Lebensweise, die die bevölkerungsreichen Städte schon seit langem ihrer Herrschaft unterworfen haben und sich im Augenblick selbst in ländlichen Gegenden wie eine Pestansteckung vorwärts zu schleichen beginnen, laden infolge der
20 gebrochenen Kraft der Hauptwege die galligen Krankheiten in die geschwächten Körper ein, wodurch bewirkt wird, daß alle möglichen Krankheiten sich etwas Galliges aneignen und daß selbst die einfachste Entzündung in die Gattung der fauligen Fieber ausartet.

§ 34.

Die gallig-entzündliche Brustfellerkrankung ist jedenfalls ein anhaltendes hitziges
25 Fieber, das nach vorausgehendem Frostgefühl mit nachfolgender ganz ähnlicher Hitze hereinbricht, einhergehend mit Beklemmungen in der Herzgegend, Übelkeit, Brech-reizen, gelblich-schleimiger Zunge, Durst, Husten, Atembeschwerden, schmerzhaftem Seitenstechen, Blähbauch, flüssigem Stuhlgang, hartem und beschleunigtem Puls, Kopf- und Gliederschmerz sowie mit anderem; und innerhalb von 14 Tagen erreicht
30 es seinen Höhepunkt. Vorausgegangen war eine plötzlich aufgetretene, entzündlich-beschwerende Ermattung, die auf einer Entzündung beruhte, durch Kopf, Brust, Magen und Glieder umherziehende Schmerzen, Appetitlosigkeit, bitterer Geschmack im Mund, gallige Harnausscheidungen, flüssiger Stuhl, Neigung zu Blähungen. Die vorausgehenden Ursachen bestehen in einer einzigartigen Kombination von ziemlich
35 scharfer und überfließender Galle mit einer Blutüberfülle der Gefäße, was dem chole-rischen Temperament entspricht. Die auf Gelegenheiten beruhenden Ursachen sind

(s) Siehe Hippokrates, Über die weit verbreiteten Krankheiten. Buch 3, Kranker 16.
(t) Hippokrates, Über die Krankheiten, Buch 1, Kapitel 11, 12 und an unzähligen wei-teren Stellen. Aretaeus, Über Ursachen und Symptome <der akuten und chronischen
40   Krankheiten>, Bd. <Über die> akuten <Krankheiten>, Buch 1, Über die Brustfellent-zündung. Alexander von Tralles, Buch 6, Kapitel 1, Über die Brustfellentzündung. Caelius Aurelianus, Buch 2, Kapitel 13, Über das Brustfellentzündungsleiden.

repetendæ. Quæri posset, an morbus biliosus Inflammationem demum tanquam
Symptoma adsciscat, aut potius Inflammatorius Bilem ex consensu tandem concieat.
Priori sententiæ complura favere videntur. Docet scilicet observatio, Bilis turgidæ
symptomata agmen ducere in quæ inflammatoriæ demum incurrant. Eadem docet
gastrica Symptomata, jam dudum suppressa Phlogosi, superesse, ut inflammatio non nisi 5
Intercalare Symptoma[1] videatur. Quidquid sit, ad Pleuritidem inflammatorio- biliosam[2]
hæc tria potissimum concurrunt. I$^{\underline{mo}}$ Bilis commotio. II$^{\underline{do}}$ Plethora. III$^{\underline{tio}}$ Sanguis
phlogisticus. Quum enim acre Bilis irritamentum ad sanguinem delatum vasa sanguine
turgida ultra modum exagitet, sanguis vero spissus jam per se ad Stases proclivis visciditatem
adhuc ob immistam bilem mucosam contraxerit, non potest non ipsi exæstuato in ultimis 10
arteriolis impedimentum obnasci, quod eodem lege, qua inflammationes[3] simplices
progenuit, et biliosis ansam præbet. (u)

§ 35.

Pleuritidis bilioso inflammatoriæ decursus ad bina quibus constat principia compositus
observatur. Falluntur, qui regularem inflammatorium Rhythmum in morbo expectant 15
quem gastricæ turbæ confundunt; siquidem hic non stati Criseos termini servantur quales
admirabamur in simplici phlogosi. Alvus plerumque fluxa, urina bile mucoque imprægnata,

(u) Egregie id Cous sua loquendi ratione: „Pleuritis oritur, quum cumulatæ et validæ
potiones admodum occupaverint, a vino enim percalescit totum corpus, ac humectatur: potissimum vero bilis et pituita percalescit ac humectatur. Quum igitur his 20
commotis ac humectatis temulentum sive sobrium Rigore corripi contingit, quippe
quod latus corporis præcipue natura carne nudum sit, neque sit quicquam intus quod
ipsi renitatur sed cavum sit, maxime rigorem sentit. Quumque riguerit tum caro quæ
est in latere, tum venulæ contrahuntur et convelluntur, et quantum in ipsa carne aut
in ejus venulis bilis inest ac pituitæ id magna ex parte, aut totum intro ad caliditatem 25
propulsum carne extra condensata secernitur et ad latus impingitur, doloremque
vehementem excitat et percalescit, propterque calorem ad se ex proximis venis et
carnibus pituitam & bilem trahit." Hipp. de Morbis Libr. I. C. 11.

---

[1]Symptomaᴇ ²inlammtoriamobiliosam ³inflamationes *(Schreibversehen)*

auf Verstöße gegen die ‚Sechs nicht natürlichen Dinge‘ zurückzuführen, die ‚epidemisch‘
begangen wurden. Man könnte fragen, ob die gallige Krankheit erst die Entzündung sich
gleichsam als Symptom aneignet oder eher die entzündliche Krankheit die Galle schließlich konsensual anregt. Für die erstere Ansicht scheint mehreres zu sprechen. Es lehrt
5   nämlich die Beobachtung, daß die Symptome einer anschwellenden Galle die Schlachtreihe
anführen, zu denen die der entzündlichen Galle schließlich hinzukommen. Dieselbe Beobachtung lehrt, daß die den Magen betreffenden Symptome bestehen bleiben, wenn die
Entzündung schon längst unterdrückt ist, so daß eine Entzündung lediglich ein dazwischen
eingeschaltetes Symptom zu sein scheint. Was auch immer es sein mag, bei einer ent-
10   zündlich-galligen Brustfellerkrankung kommen hauptsächlich drei Faktoren zusammen.
1. Erregung der Galle. 2. Blutüberfülle. 3. Entzündetes Blut. Wenn nämlich das ins Blut
übertragene scharfe Reizmittel der Galle die vom Blut geschwollenen Gefäße übermäßig
aufwühlt, das eingedickte Blut jedoch, das schon an sich zu Stockungen neigt, wegen der
beigemischten schleimigen Galle mittlerweile eine klebrige Form angenommen hat, so
15   muß zwangsläufig für dieses erhitzte Blut in den äußersten Arterien ein Hindernis entstehen, das nach derselben Gesetzmäßigkeit, nach der es einfache Entzündungen hervorgerufen hat, auch den galligen Krankheiten einen Ansatzpunkt bietet. (u)

§ 35.
Der Verlauf der gallig-entzündlichen Brustfellerkrankung richtet sich, so beobachtet
20   man, nach den beiden Prinzipien, aus denen die Krankheit besteht. Es täuschen sich
diejenigen, die eine regelmäßige Abfolge von Entzündungen bei der Krankheit erwarten,
die Magenstörungen durcheinanderbringen; insofern werden hier nicht die für Krisen
bestimmten Grenzen eingehalten, wie wir sie bei der einfachen Entzündung bestaunt
haben. Der Stuhlgang ist meistens flüssig, der Harn mit Galle und Schleim durchsetzt,

25   (u) Dies <verdeutlicht> in der ihm eigenen Art der Formulierung hervorragend der
Koer: „Eine Brustfellentzündung entsteht, wenn reichliche und starke Getränke
ganz die Macht ergriffen haben, vom Wein nämlich erhitzt sich der ganze Körper
und wird feucht; hauptsächlich aber erhitzt sich Galle und Schleim und wird feucht.
Wenn es also, nachdem diese in Unruhe versetzt und durchfeuchtet sind, geschieht,
30   daß ein Betrunkener oder ein Nüchterner von Kältestarre ergriffen wird, da ja die
Seite des Körpers von Natur aus besonders fleischlos ist und nichts in ihr ist, was
sich eben jener widersetzt, sondern sie gehaltlos ist, empfindet sie die Kälte sehr
stark. Wenn sie von der Kältestarre befallen ist, so wird einerseits das Fleisch, das
auf der Seite des Körpers ist, <zusammengezogen>, andererseits werden die kleinen
35   Venen zusammengezogen und zusammengerissen, und was an Galle und Schleim
im Fleisch selbst oder in den kleinen Venen ist, das wird zum großen Teil oder
völlig, nachdem es nach innen zur Wärme hin getrieben wurde, abgesondert von
dem Fleisch, das außen fest ist, und zur Seite des Körpers gedrängt, und es erregt
starken Schmerz und erhitzt sich, und wegen der Wärme zieht es aus den nächst-
40   liegenden Venen und dem Fleisch Schleim und Galle auf sich.“ Hippokrates, Über
die Krankheiten, Buch 1, Kapitel 11.

immaturi sudores, Tussis noctu præsertim excrucians sputa exscreat cruenta principio, bilioso mucosa, quæ successu temporis purulenta evadunt, pessimo præsagio dum sistantur. Insimul vagi spasmi per Corpus vagantur ut membra distendantur et mens commoveatur. Pulsus exacerbationibus adstrictus contractus „tangitur et durus, plenus nonnunquam, interdum gracilis; Interim Angustiæ præcordiorum ac pectoris magis   5
urgere, homo jactari, pervigiliæ, somnus deliris turbulentus insomniis, Caput tussis ac Vomituum insultibus" dolorose concussum, noctes gravissimæ. Generatim vero notandum, omnes Febres quæ biliosum quid in consortio habent luculentiores exhibere remissiones, ac Ardentes simpliciores quæ continenter fere infestantur.

§ 36.   10

Morbo ad Statum provoluto aut mors incidit aut Crises succedunt. Mors quidem insequitur, quum evanido dolore discruciante Spiratio gravior fiat, et quietior, et imus pulmo strepat, et membra rigeant, et pulsus minimus repat, et facies Hippocratica conspiciendam se præbeat. Sin vero remittentibus spasmis atque dolore, mente sibi constante, alvus cocta dejiciat, Urina sedimentum quoddam præcipitet, sudores critici   15
emanent, si sputa cocta succedant, spiritus facilius ducatur, Venter mollescat, Præcordia laxentur, pulsus liberius fluctuet, somnus reficiat, facies clarescat, uno verbo si jam supra memoratorum signorum salubrium unum alterumve appareat[1], in vado rem esse præsagiemus.

Nonnunquam Critica ad cutem efflorescunt, nonnunquam spontaneis natura abscessibus   20
sese exonerat. Sed nonnunquam in Organa nobiliora labes decumbit, hecticam febrem[2] accersens. Interdum Metastases ad Nervos contingunt, longo Syrmate materialium Suppuratione demum exhauriendæ.

§ 37.

Jam fugitivus Morbi adspectus sufficienter nos edocet, duplicem morbum duplicibus   25
armis esse debellandum, methodo scilicet antiphlogistica cum Purgante et antiseptica combinata. Hinc Sanguinis missiones (v), Emetica, Catharrtica, refrigerantia, resolventia, et revulsoria. Cavendum vero ne violentiores Vomitus Hæmoptoen trahant, cum pulmo

(v) Sanguis, sub hoc morbo missus, Crustam refert flavam biliosam quin interdum viridiusculam, quam ipse observari. Cruor dissolutus.   30

---

[1]appareant, ꝟ in ꞇ vado   [2]febrem ~~adsciscens~~ accersens

die Schweißausbrüche kommen zur Unzeit, ein vor allem nachts quälender Husten erzeugt am Anfang blutige Auswürfe, während gallig-schleimige, die sich im Laufe der Zeit zu eitrigen entwickeln, bei sehr schlechtem Vorzeichen zum Stillstand kommen. Gleichzeitig ziehen unbestimmte Krämpfe durch den Körper, so daß die Gliedmaßen
5 auseinandergezogen werden und das Denkvermögen beeinträchtigt wird. Der durch die Verschärfungen angespannte Puls fühlt sich starr und hart an, manchmal voll, zwischenzeitlich dürftig. Unterdessen bedrängen zunehmend Beklemmungen im Bereich des Herzens und der Brust, der Mensch wälzt sich hin und her, hat durchwachte Nächte, der Schlaf wird durch wahnsinnige Träume beunruhigt, der Kopf durch Husten- und
10 Brechanfälle schmerzhaft erschüttert, die Nächte sind sehr schlimm. Allgemein ist jedoch anzumerken, daß alle Fieber, die mit etwas Galligem in Gemeinschaft stehen, bedeutendere Phasen des Nachlassens aufweisen, genauso wie diejenigen einfacheren hitzigen Fieber, die fast andauernd bekämpft werden.

§ 36.

15 Wenn die Krankheit zu ihrem Höhepunkt vorgedrungen ist, tritt entweder der Tod ein oder Krisen schließen sich an. Der Tod jedenfalls folgt, wenn nach Verschwinden des peinigenden Schmerzes die Atmung schwerer wird und ruhiger, die Lunge in der Tiefe rasselt, die Gliedmaßen steif sind, der sehr kleine Puls schleicht und das ‚Hippokratische Gesicht‘ sich wahrnehmbar macht. Wenn aber, sobald die Krämpfe und der Schmerz
20 nachlassen sowie das Denkvermögen bewahrt bleibt, der Stuhlgang Gekochtes hinauswirft, der Harn einen gewissen Bodensatz ablagert, zur Krise gehörende Schweißausbrüche austreten, wenn gekochte Auswürfe folgen, der Atem leichter geht, der Bauch weich wird, die Herzgegend sich lockert, der Puls freier schlägt, der Schlaf erholsam ist, das Gesicht sich aufhellt, mit einem Wort, wenn das eine oder andere der bereits oben er-
25 wähnten Anzeichen von Heilung in Erscheinung tritt, dann werden wir vorhersagen, daß die Lage in Sicherheit ist.

Manchmal erblühen auf der Haut Zeichen einer Krise, manchmal entlastet sich die Natur durch spontan auftretende Abszesse. Aber manchmal befällt das Unheil edlere Organe und ruft hektisches Fieber herbei. Bisweilen treten Verlagerungen hin
30 zu den Nerven auf, die in einem sich lange hinschleppenden Prozeß durch Auseiterung von Stoffen sich schließlich erschöpfen.

§ 37.

Schon eine flüchtige Betrachtung der Krankheit belehrt uns zur Genüge, daß diese doppelte Krankheit mit doppelten Waffen niederzukämpfen ist, das heißt mit einer entzün-
35 dungshemmenden Methode, kombiniert mit einem reinigenden und antiseptischen Verfahren. Daher sind Aderlässe (v), Brechmittel, reinigende, kühlende, auflösende und ableitende Mittel anzuwenden. Hüten muß man sich jedoch davor, daß allzu gewalttätige Brechanfälle das Aushusten von Blut nach sich ziehen, da gerade die Lunge von einer

(v) Das bei dieser Krankheit abgeleitete Blut bringt eine gelblich-gallige, ja manchmal
40 sogar grünlichere Kruste hervor, die ich selbst beobachtet habe. Das Blut <unter der Kruste> ist aufgelöst.

adeo magna vi sanguinis obsessus sit, nec nisi tyrannus hominem sine urgente caussa per Vomitus hujusmodi discruciabit. Prudentis certe est medici cavere ne occidisse videatur quem servare non poterat. Vesicantia dum in binis præcedentibus morbis indicatissima fuerint, quidni in hoc, qui ex istis confluit? Sane ex Præceptoris mei testimonio mira et in hoc morbo præstiterunt. Diæta abhorreat a Carne et vino, vegetabilibus acquiescat. 5

§ 38.

Nolo præterire Inflammationes putridas gangrænosas aut epidemice grassantes, aut contagiose insidiantes, raro sporadice invadentes, jam sub Pleuritidis, jam Anginæ, Hepatitidis, (w) Gastritidisve specie sævientes, pessimi moris, acutissimique decursus, quarum larga messis est in Annalibus Observatorum. Ipsa ut plurimum, Dira Pestis, 10 siquidem Priscis fides et Sydenhamo (x) harum censui annumeranda, qua etiam de caussa in tot devia duxit Diemerbroekium aliosque qui funesto errore Venæsectione aggressi sunt. Quin Variolæ, Morbilli, Febris Scarlatina, urticata, purpura rubra[1], Petechiæ etc, nil certe aliud sunt, quam Febres inflammatorio-miasmaticæ, aut inflammatorio-putridæ; Docuerunt enim Cadaverum inspectiones, non solam Cutem, 15 sed totum tractum intestinorum, Hepar, Lien, Omentum, Mesenterium, quin Pulmones, pericardium, et Musculorum Interstitia maculas gangrænosas concepisse, ut ex innumeris inflammatiunculis Inflammatoria febris accensa fuerit, quæ vero ob citam inflammati sanguinis computrescentiam cito in gangrænam abscesserat. Id ipsum fatale inflammationis cum putredine connubium Malignitatem harum febrium præcipue constituit, dum 20 Indicationes quasi collidant, et quæ uni malo infringendo conducerent, in pejus alterum vertant. Quid quæso artium Saluberrimæ in Morbis relinquitur in quibus non agendo negligit, agendo depravat?

]2)] (x) Sydenh. De Peste Londinensi.
]1)] (w) Brendel. De Hemitritæo.   25

---

[1]rubræ (*Schreibversehen?*)

großen Blutmenge besetzt ist, und nur ein Tyrann wird einen Menschen ohne dringenden Grund durch derartiges Erbrechen martern. Aufgabe eines klugen Arztes ist es sicherlich, sich zu hüten, den Anschein zu erwecken, er habe jemanden getötet, den er nicht retten konnte. Da bei den beiden vorhergehenden Krankheiten jeweils blasenziehende Mittel
5 sehr angezeigt waren, warum nicht bei dieser Krankheit, die sich aus den besagten Krankheiten zusammensetzt? Tatsächlich haben sie nach dem Zeugnis meines Lehrmeisters auch bei dieser Krankheit Wunderbares geleistet. Die Ernährung soll vor Fleisch und Wein zurückschrecken, sie soll sich mit pflanzlichen Nahrungsmitteln begnügen.

§ 38.

10 Nicht übergehen will ich faulige Entzündungen brandiger Art, die entweder epidemisch grassieren oder durch Ansteckung auflauern, selten sporadisch auftreten, bald in der Erscheinungsform einer Brustfellentzündung, bald einer Angina,
Hepatitis (w) oder Gastritis wüten, die von der schlimmsten Art sind und den akutesten Verlauf haben, deren Ernte in den Geschichtsbüchern von Beobachtern reichhaltig ist.
15 Selbst die grausame Pest ist, sofern man den altehrwürdigen Autoren und Sydenham (x) Glauben schenkt, zumeist der Gruppe dieser Entzündungen zuzurechnen, weswegen sie auch Diemerbroeck und andere, die infolge eines tödlichen Irrtums die Krankheit durch Venenschnitt angingen, auf so viele Abwege führte. Ja sogar Pocken, Masern, Scharlachfieber, Nesselfieber, roter Friesel, Fieber mit Neigung zu punktförmigen Blutungen usw.
20 sind sicherlich nichts anderes als entzündlich-miasmatische oder entzündlich-faulige Fieber; Leichenuntersuchungen nämlich haben gelehrt, daß nicht nur die Haut, sondern der gesamte Trakt der Eingeweide, Leber, Milz, Netz, Dünndarmgekröse, sogar Lungenflügel, Herzbeutel und Muskelzwischengewebe von brandigen Flecken befallen worden sind, so daß aus zahllosen geringfügigen Entzündungen ein entzündliches Fieber entfacht
25 worden ist, das aber wegen des raschen Fäulnisprozesses des entzündeten Blutes schnell in Brand übergegangen war. Eben diese verhängnisvolle Vermählung von Entzündung und Fäulnis macht vor allem die Bösartigkeit dieser Fieberarten aus, während die Heilanzeigen gewissermaßen aufeinanderprallen und diejenigen, die zur Schwächung des einen Übels führen würden, ein anderes verschlimmern würden. Was bleibt, so frage ich,
30 der heilbringendsten der Künste im Fall von Krankheiten übrig, bei denen sie sich durch Nichteingreifen der Nachlässigkeit schuldig macht, durch Eingreifen aber den Zustand verschlechtert?

(w) Brendel, Über das halbdreitägige Fieber.
(x) Sydenham, Über die Londoner Seuche.

ANMERKUNGEN

Überlieferung

Handschrift: Biblioteka Jagiellońska Kraków (Krakau), bis 1945 Preußische Staatsbibliothek Berlin (26 Blätter, 19 × 22,6 cm). Sign.: *Ms. germ. qrt. 1017.* 1) Schuber 23 × 26,5 cm, braun memorierte Pappe mit grauem Lederrücken und Aufschrift von fremder Hand: *SCHILLER / de / discrimine / febrium / 1780 / nebst 2 bezügl. / Schriftstücke // 2 Briefe / Schillers über seine / Flucht / 1782.* 2) In dem Schuber ein fadengebundenes Heft, beschriftet: *Schiller. De discrimine febrium. 1780.* 16 Blätter gefaltet und gebunden zu 32 Heftblättern, also zu 64 Seiten 19 × 22,6 cm, geripptes Papier. Wasserzeichen: Posthorn in gekröntem Schild mit angehängter Glockenmarke, darunter C & I Honig. S. 1–2 nicht beschrieben; S. 3 Titel und Verfasser: *De / Discrimine / Febrium inflammatoriarum et putridarum // Tractatio // Auctore Joh. Christ. Frid. Schiller M. Cᵒ. / 1780.*; S. 4 nicht beschrieben; S. 5–57: Text der Dissertation; S. 58–64 nicht beschrieben; Bl. 2–29 von fremder Hand oben rechts mit Bleistift numeriert *1–28.*

Lesarten/Fußnoten

Die in den – die Lesarten wiedergebenden – Fußnoten verwendeten Schriftarten und Zeichen:

kursiv	Editortext
|abc|	in der Zeile ergänzt
⌈abc⌉	über der Zeile ergänzt
]abc⌉	am linken Rand ergänzt
~~abc~~	gestrichen
a**o**	a in o verbessert
abc ~~efg~~	Streichung vor Niederschrift des nächsten Wortes

Die mit Buchstaben (a), (b) etc. gekennzeichneten Anmerkungen hat Schiller fast stets mit durchgehenden waagrechten Strichen vom Haupttext und von einzelnen Anmerkungen getrennt. Die Wiedergabe dieser Striche ist in der vorliegenden Transkription nicht vorgenommen worden.

Erläuterungen

Vorbemerkung: Bereits 2004 erschien in der fünfbändigen Schillerausgabe des Hanser-Verlags eine von Irmgard Müller und Christian Schulze besorgte neue Textausgabe der lateinischen *Tractatio de discrimine febrium inflammatoriarum et putridarum* mit deutscher Übertragung.[1] Ein von Norbert Oellers vorgenommener genauer Vergleich dieses gegen-

---

[1] Schiller 2004, Bd 5, 1055–1147. Der 2005 erschienene Bd 10 der Berliner Schiller-Ausgabe (Sämtliche Werke, bearbeitet von Barthold Pelzer; Aufbau Verlag) bietet demgegenüber (S. 34–65) nur einen Nachdruck des bereits 1958 erschienenen Textes der Natonalausgabe, Bd 22, S. 31–62.

über älteren Ausgaben (u. a. der Schiller-Nationalausgabe [NA] Bd 22, 31–62) deutlich
verbesserten lateinischen Textes mit der Krakauer Handschrift, der einzig erhaltenen
Textgrundlage (von Schillers Hand, vermutlich eine Abschrift der Reinschrift oder deren
Vorlage), führte nochmals zu einigen Korrekturen.[1] Außerdem wurde für den vorliegenden
Band eine aus philologischer und medizinhistorischer Sicht exaktere Übersetzung geplant,
die der Bonner Neulatinist Karl August Neuhausen (1939–2017) in Angriff nahm, aber
leider nicht mehr vollenden konnte. Der hier vorgelegte deutsche Text basiert auf einer
vorläufigen Fassung Neuhausens von 2017, die von der Neulatinistin Astrid Steiner-Weber
und dem Medizinhistoriker Daniel Schäfer durchgesehen wurde. Die erwähnte Ausgabe
des Hanser-Verlags bietet außerdem in ihrem Anhang eine ausführliche Kommentierung
der Fieberschrift[2] sowie Hinweise zu Schillers medizinischen Quellen, zur Forschungsli-
teratur, zur sprachlichen Gestaltung der Schrift und zur lateinischen Textkonstitution, auf
die ausdrücklich verwiesen wird. Die hier folgende medizinhistorische Einleitung sowie
Kommentierung einzelner Textpassagen durch Daniel Schäfer sollen demgegenüber das
Textverständnis vertiefen und die Arbeit von Müller und Schulze bezüglich des Forschungs-
standes aktualisieren. Das abschließende Glossar von Astrid Steiner-Weber schlüsselt den
besonderen neulateinischen Wortschatz der Fieberschrift auf.

Entstehung im historischen Kontext: Nach Ablehnung einer ersten Prüfschrift „Philosophie der Physiologie"[3] im Jahr 1779 mußte der 20jährige Schiller als Kandidat der
Medizin ein weiteres Jahr an der Stuttgarter Karlsakademie verbringen.[4] Dieses nutzte er
zur Abfassung zweier weiterer Abschlußarbeiten, von denen die letzte *(Versuch über den
Zusammenhang der thierischen Natur des Menschen mit seiner geistigen)*[5] angenommen
wurde und Ende 1780 im Druck erschien; die mutmaßlich vorher[6] eingereichte lateini-

---

[1]§ 5 *admodum* statt *ad modum;* § 8 *principilem* (Schreibversehen für *principialem*) statt
principitem; § 15 *suppuratione* und *suppuraverit* statt *soppuratione* und *soppuraverit;* § 16
oxymelle statt *oxymele;* § 18 *gangraenosa* statt *grangraenosa; quin* statt *qui;* § 19 *anomaliam*
statt *anomliam;* § 22 *foetis* statt *foeti, computrescit* statt *cum putrescit;* § 27: *Adjungantur*
statt *Subjungantur; antiputridinosa* statt *antiputredinosa;* § 28: *oppressæ* statt *opressae;*
propullulante statt *propullante; crasin* statt *erosin;* § 30: *suppurabant* statt *soppurabant;*
halitum statt *habitum;* § 33 (Fußnote t): *XII* statt *XV; Caelius* statt *Coelius;* § 36 (wie
§ 15): *suppuratione* statt *soppuratione;* ferner kleinere Änderungen bei den Satzzeichen
und der Groß- und Kleinschreibung; außerdem werden die von Schiller auf verschiedene
Weise hervorgehobenen Wörter auch unterschiedlich markiert.
[2]Schiller 2004, Bd 5, 1314–1341; vgl. auch die knappen Hinweise in NA 22, 353–358.
[3]Nur fragmentarisch erhalten, s. NA 20, 10–29.
[4]Nach Alt 2000 (S. 138 f., 165, ohne Beleg) betraf diese Maßnahme nicht nur Schiller,
sondern (zunächst) auch alle anderen (also auch die erfolgreichen) Absolventen der Medizinischen Abteilung, da deren nachfolgende „praktische Weiterqualifikation" an Stuttgarter
Spitälern noch nicht geklärt war. Auch der erste Versuch des Mitschülers Friedrich von
Hoven (s. S. 68, Anm. 3) wurde 1779 nicht angenommen. Als einziger des Jahrgangs konnte
Immanuel Gottlieb Elwert (ebd.) die Militärakademie bereits im März 1780 verlassen.
[5]NA 20, 37–75.
[6]Nach Alt 2000 (S. 177) am 1. 11. 1780.

sche *Tractatio* über die Unterscheidung der Fieberarten wurde hingegen am 13. und letztlich am 17. 11. 1780 von Schillers Lehrern Christian Gottlieb Reuß, Johann Friedrich Consbruch und Christian Konrad Klein aus sachlich nachvollziehbaren Gründen abgelehnt.[1] Neben Ergänzungsbedarf bei der Darstellung der zwei Hauptarten (entzündliches und galliges Fieber) monierten die Prüfer vor allem die zu kurz gekommene Untersuchung zweier weiterer, erst gegen Ende angesprochener Unterarten (gallig-entzündliches Fieber, §§ 32–37, und gallig-brandiges Fieber, § 38). Aus heutiger Sicht fällt in der Tat auf, daß die *Tractatio* abrupt mit der aporetischen Frage endet, wie Medizin in einer aussichtslosen Lage agieren könne, ohne dem Patienten zu schaden. Dies erweckt den Anschein, als hätte der Kandidat in der Tat nicht genügend Zeit[2] oder Motivation gehabt, die Frage der Therapie gallig-brandiger Fieber noch auszuführen, wirkt aber darüber hinaus aus Sicht der damaligen ärztlichen Pflichtenlehre wie eine Mißachtung der Heilkunst. Passend zu dieser Deutung erlaubte sich Schiller auch an anderen Stellen auffallend kritische Töne gegenüber sonst hochgeschätzten Autoritäten, insbesondere gegenüber dem englischen Epidemie-Experten und Neohippokratiker Thomas Sydenham (§§ 2, 27).[3] Ausdrücklich rügten die Prüfer in diesem Zusammenhang (§ 2) Schillers „Verteidigung" der Krankheitsmaterie *(per se hostilis non est)*, die der Eleve mit einer Kritik an der „heilenden Natur" verband: Eigentliche Ursache für den Ausbruch der Entzündung sei nicht der pathogene Stoff, sondern die darauf blind reagierende Natur. Mit diesem zu seiner Zeit (und noch in der heutigen Immunologie) hochaktuellen Ansatz, daß Natur auch fehlerhaft sein oder Krankheit erzeugen kann und deshalb korrigiert werden muß[4], widerspricht Schiller nicht nur Sydenham, sondern indirekt auch Hippokrates, dem gerade im 18. Jahrhundert die Lehre von der Heilkraft der Natur[5] häufig in den Mund gelegt wurde.

Einordnung in das zeitgenössische Schrifttum: Vergleicht man Schillers Fieberschrift mit vielen anderen, oft dürftigen medizinischen Abschlußarbeiten des späten 18. Jahrhunderts, so wirkt sie eher überdurchschnittlich, nicht nur im Blick auf Umfang und sprachliche Gestaltung (s. u.), sondern durchaus auch inhaltlich und hinsichtlich der

---

[1]Abdruck des ersten, ausführlichen Gutachtens vom 13. 11. 1780 in Schiller 2004, Bd 5, 1314 f.; beide Texte in englischer Übertragung bei Dewhurst/Reeves 1978, 238–40. Schillers Fieberschrift wurde am 17. 11. 1780 endgültig für einen Druck verworfen, nachdem einen Tag zuvor seine dritte Arbeit *Versuch über den Zusammenhang [...]* angenommen worden war (s. NA 21, 124 f.).

[2]Vgl. Gutachten vom 17. 11. 1780: „[...] da der Verfasser, wie man überall bemerken kann, wenig Zeit auf die Verfertigung dieser Schrifft verwant [...]"; Schillers sämmtliche Schriften, Bd 1, hrsg. von Karl Goedeke. Stuttgart: J. G. Cotta, 1867, S. 134.

[3]Entsprechend distanziert sich Schiller in § 19 von typischen epidemischen Einflußfaktoren, die Sydenham in den Mittelpunkt stellt. – Bereits in dem Gutachten seines Lehrers Consbruch zur ersten Prüfschrift *Philosophie der Physiologie* wurde Schiller hinsichtlich seiner Autoritäten-Kritik aufgefordert: „[D]och muss ein junger Arzt gegen den verdienstvollen Haller eine gelindere Sprache führen"; Wagner (1856/57), Bd 2, 278.

[4]Vgl. Schäfer 2012.

[5]Vgl. Neuburger (1926), 59–126; zu Schiller ebd., 117.

selbständigen Gestaltung und des Einbezugs wissenschaftlicher Literatur.[1] Aber im Vergleich mit anderen „Prüfschriften" der Hohen Karlsschule, die mit einem neuen Ausbildungsprogramm im Geist der Aufklärung vielen traditionellen, vor allem süddeutschen Universitäten den Rang ablief[2], ragt Schillers Arbeit keineswegs heraus. Der Kandidat gehörte zum ersten Jahrgang der 1775/76 neu gegründeten medizinischen Abteilung der Militärakademie, doch im Gegensatz zu ihm konnten seine Mitschüler Theodor Plieninger und Emanuel Gottlieb Elwert 1779 als erste (von bis 1794 insgesamt 182) Absolventen der Medizinischen Abteilung oder Fakultät die Ausbildung mit umfangreichen lateinischen Dissertationen, an die zumindest quantitativ keine von Schillers Arbeiten heranreicht, formal beenden.[3] Inhaltlich bot das nosologisch ausgesprochen anspruchsvolle Fieberthema allerdings auch – angesichts der damals schon überbordenden Fachliteratur – mehr Fallstricke, da niemals alle Aspekte dargestellt werden konnten und bestimmte Konzepte zugunsten anderer mißachtet werden mußten.[4] Durch dieses Dickicht kämpfte sich der Kandidat mit einer verhältnismäßig klaren Gliederung (jeweils

---

[1]Immer noch wurden viele pro-gradu-Dissertationen an Universitäten von den prüfenden Professoren (mit-)verfaßt. Es überrascht daher nicht, daß Schiller mehrere Kasuistiken aus den Aufzeichnungen seines Lehrers Consbruch umfänglich zitiert (vgl. seinen Hinweis im Vorwort sowie §§ 17 und 30). Ferner ist zu vermuten, daß von Consbruchs Seite auch die Themenstellung erfolgte oder zumindest angeraten wurde, denn dieser wurde selbst mit einer Fieberschrift unter Philipp Friedrich Gmelin promoviert (De febribus malignis, Tübingen: [Erhard], 1759), und ein weiterer Lehrer Consbruchs, Johann Gottfried Brendel, verfaßte verschiedene, von Schiller in der *Tractatio* zitierte Fieberschriften.

[2]Vgl. Quarthal 1988.

[3]Emanuel Gottlieb Elvert [!]: Dissertatio medico-diaetetica de vitae ratione hominis naturae convenientissima generalia quaedam exhibens. Stuttgardiae: Cotta, 3.12.1779 (86 S.); Theodor Plieninger: Dissertatio medica de praecipuis delirorum causis eorumque medela generalia quaedam exhibens. Stuttgardiae: Cotta, 6.12.1779 (69 S.). Alle drei *lateinischen* Texte (Plieningers, Elwerts und Schillers) behandeln damals konventionelle Themen der Medizin, die *deutschsprachigen* dagegen Themen aus dem in der Karlsschule favorisierten Grenzgebiet zwischen Medizin und Philosophie, so auch die zweite Prüfschrift von Schillers Freund Friederich Wilhelm von Hoven: Versuch über die Wichtigkeit der dunklen Vorstellungen in der Theorie von den Empfindungen. Stuttgart: Mäntler, 1780 (66 S.). Schillers zeitgleich erschienene Abschlußarbeit (Versuch über den Zusammenhang [...]) umfaßt demgegenüber im Druck nur 44 Seiten.

[4]Nach Herman Boerhaave ist die Natur des Fiebers außerordentlich schwer zu bestimmen. „Würde man zwanzig Ärzte fragen, so erführe man zwanzig verschiedene Meinungen über das Fieber." (Praxis medica sive commentarium in aphorismos Hermani Boerhaave de cognoscendis et curandis morbis. Utrecht: Petrus Muntenda, [4]1745, Bd III, 6, §§ 559 f.; zitiert nach Probst 1972, 30). – Ein Vergleich mit der sieben Jahre früher entstandenen, im Titel fast identischen Studie von William Fordyce (1777), die Schiller gekannt haben könnte (die deutsche Übertragung war 1774 in Leipzig erschienen), zeigt exemplarisch, wie verschieden das Thema behandelt werden konnte.

Ätiologie/Pathogenese, Krankheitszeichen, klinischer Verlauf, Therapie der angespro-
chenen Arten sowie deren Unterschiede; vgl. § 31) fleißig, doch eben nicht gründlich
genug hindurch.

Inhaltliche Bezüge zur medizinischen Ausbildung: Bei sorgfältiger Lektüre wird
deutlich, daß Schiller trotz seiner kritischen Töne in vielen Punkten unmittelbar an das
Programm der Militärakademie anknüpfte:

- *Fokus auf die Praxis:* Schiller betont mehrfach ihre Bedeutung für den ärztlichen Beruf;
  schon im Vorwort wertet er demgegenüber die Theorie als leer *(inanis)* ab, polemisiert
  gegen „Labyrinthe der Irrtümer" in den Lehrbüchern (§ 2) und ergänzt seine Fieberlehre regelmäßig mit Kasuistiken aus der Praxis. Medizinischen Unterricht unmittelbar am Krankenbett, wie er im 18. Jahrhundert ausgehend von Herman Boerhaave
  in Leiden in Europa allmählich Fuß faßte, gab es an der Militärakademie – wie an
  den meisten deutschen Universitäten um 1780 – regulär anscheinend noch nicht,
  wohl aber eine hausinterne Krankenstation, wo Eleven der Medizin sich als Wärter
  in der Krankenbeobachtung üben konnten.[1] Ferner zog der häufig erwähnte *praecep-
  tor* Johann Friedrich Consbruch als Spiritus Rector der Medizinischen Abteilung
  regelmäßig im Unterricht[2] Beispiele aus seiner Praxis heran. Schiller entnahm dessen
  Aufzeichnungen zwei Fälle von Fieberkrankheit (§§ 17, 30), darunter auch den sehr
  umfangreichen einer vierzigjährigen Frau aus dem Jahr 1773.[3]
- *Relevanz der Medizingeschichte für die gegenwärtige Medizin:* Schiller zitiert für einen
  Medizinkandidaten des späten 18. Jahrhunderts überdurchschnittlich häufig historische Quellen, insbesondere aus der Antike. Während er Texte der letzten 150 Jahre
  teilweise kritisch kommentiert (s. o.), zieht er ausgewählte Passagen aus dem *Corpus
  Hippocraticum* (darunter sogar eine Kasuistik, § 17) sowie römischer und byzanti-
  nischer Autoren als aktuell gültige Belege heran, was an die Autoritätengläubigkeit
  früherer Epochen erinnert. Hinter dieser erstaunlichen Präferenz verbirgt sich weniger Schillers Neigung zu Geschichte als vielmehr der umfangreiche medizinhistorische Unterricht an der Medizinakademie: Medizinhistorische Thesen des Lehrers

---

[1] *cognitio ad lectos ægrorum*; Vorwort der *Tractatio*. – Neben dem Leiden und Sterben
seines Freundes August von Hoven im Juni 1779, das Schiller als Besucher miterlebte
und in der Fieberschrift skizzierte (§ 23), sind die Krankenberichte über den Kommilitonen Joseph Friedrich Grammont (NA 22), die fünf fortgeschrittene Schüler der
Medizinischen Abteilungen als Wärter in der Krankenstube im Juni und Juli 1780
verfaßten, ein eindrückliches Zeugnis für den Versuch, auch praktische Akzente in der
medizinischen Ausbildung zu etablieren – zumindest in dem Jahr 1780, das für Schillers
Jahrgang eine Wartezeit bis zum endgültigen Abschluß der Ausbildung bedeutete (vgl.
S. 66, Anm. 4).

[2] Consbruch las ein bei Schülern beliebtes ‚Casuisticum' (Collegium practicum); vgl.
Theopold 1967, 62.

[3] Müller und Schulze vermuteten hinter dieser Patientin Schillers Mutter (Schiller 2004,
Bd 5, 1318). Dagegen spricht, daß in der gedruckten Quelle (Consbruch 1778, S. 55–
59) die Frau näher als „Wirtenbergici pagi Enzwayhingen incola" gekennzeichnet wird;
Schillers Mutter lebte jedoch 1766–1775 in Ludwigsburg.

Consbruch mußten schon 1776 von den Schülern der Abteilung, darunter auch Schiller, verteidigt werden; der Umfang des vorangegangenen Unterrichts (ca 150 Stunden) war beträchtlich.[1] Mit Schillers Lust am antiken Zitat[2] verbindet sich in der *Tractatio* aber auch eine inhaltliche Nähe zur antiken Medizin, nicht nur zur (neo-)hippokratischen Semiotik und Praxis der Krankenbeobachtung in Epidemien (s. o. zu Sydenham), sondern auch zur hippokratisch-galenistischen Humoralpathologie als pathographischem Fundament.[3] Blut und Galle als die zentralen Substrate der skizzierten Fieberpathologie sind zwei der vier Hauptsäfte, deren (Fehl-)Mischung (*krasis/temperies*, beeinflußt von Konstitution, Umwelt und Lebensweise einschließlich der Emotionen) über Gesundheit und Krankheit entscheidet. Schiller tradiert unkritisch wichtige Grundzüge der hippokratischen Krankheitslehre. Demnach wird rohe Krankheitsmaterie (z. B. *Contagium, Miasma*) von der Natur durch einen Gärungs- oder Kochprozeß *(pepsis/coctio)*, der zur Wärmeentwicklung bei Fieber paßt, so modifiziert, daß sie im Prozeß der „Entscheidung" *(krisis/iudicatio)* z. B. als Eiter konzentriert und über Hautekzeme, Sputum, Urin, Kot etc. ausgeschieden oder „entschäumt" *(despumatus)* werden kann; diese natürlichen Prozesse sollen von der Medizin durch Aderlaß, Purgierung und künstliche Anregung der Eiterung unterstützt werden, um Ablagerungen der Materie an anderem Ort *(metastasis)* und deren chronische Folgen *(cancer, scirrhus)* möglichst zu verhindern.

- *Eklektizistische Auswahl aktueller Theorien:* Daß dieser Hippokratismus von mechanischen und chemischen Konzepten zur Fieberpathologie teilweise überlagert wird, paßt sehr gut zum Eklektizismus, der an der Stuttgarter Einrichtung gelehrt wurde.[4] Der Einfluß von Herman Boerhaaves empirischem iatrochemisch-mechanischen Ansatz wird besonders beim im 18. Jahrhundert boomenden Plethora-Konzept (§ 7) deutlich, also der Annahme, daß durch lokale oder generelle Blutfülle das Gleichgewicht zwischen Blutfluß/-druck und Widerstand der Blutgefäße gestört sei und dieser Vorgang eine wichtige Reizursache *(stimulus)* für die Entzündungsreaktion bilde.[5] Hingegen wird der einseitige Psychodynamismus Georg Ernst Stahls zumindest

---

[1] NA 41/II A, 125–27; Kommentar in NA 41/II B (im Druck) sowie bei Schäfer/Neuhausen 2014. In den *Theses ex historia medicinae* kommen neben Hippokrates auch Aretaeus und Caelius Aurelianus, die Schiller in seiner Fieberschrift zitiert, zu Sprache.

[2] Neben den Zitationen medizinischer Autoren der Antike, die vermutlich weitgehend der elfbändigen Ausgabe Albrecht von Hallers (1769–1774) entnommen wurden, und einem modifizierten Vergil-Zitat (§ 22; vgl. Aeneis VI 625–627) macht Schiller an mehreren Stellen stilistische Anleihen bei römischen Dichtern (s. Kommentar).

[3] Vgl. Dewhurst/Reeves 1978, 245.

[4] Consbruch kritisiert in den medizinhistorischen *Theses* (wie Anm. 1) zahlreiche Irrtümer der Medizin (Nr IV) sowie die „verfälschten Systeme" der Gegenwart (Nr V) und rät daher zu einem vorsichtigen *Eclecticum agere* (Nr VII). – Vgl. entsprechende Deutungen der Fieberschrift bei Dewhurst/Reeves 1978, 242–49 und Schiller 2004, Bd 5, 1319–22.

[5] Herman Boerhaave, Aphorismi de cognoscendis et curandis morbis. Paris: Cavelier, 1745, S. 25 f. (§ 106).

in der *Tractatio* deutlich abgelehnt (§§ 2, 8) und dessen Hallenser Kollege Friedrich Hoffmann gar nicht erst erwähnt – alles korrespondierend zu Consbruchs Thesen.[1] Auffällig ist lediglich, daß Schiller den von Consbruch verehrten Albrecht von Haller übergeht.[2] Gleichwohl wird das von Haller und Consbruchs Lehrer Brendel vertretene System der frühen neuropathischen (oder neuralpathologischen) Schule in die Fieberlehre integriert (z. B. in §§ 20, 24) und damit der wechselseitigen Beziehung zwischen Psychologie und Physiologie, die an der Militärakademie häufig thematisiert wurde, Rechnung getragen.

- *Therapeutischer Konsens:* Wenig verwunderlich übernimmt der in der Krankenbehandlung unerfahrene Schiller auch weitestgehend die Vorstellungen seiner Lehrer zur Therapie: Abgestimmt auf Fiebertyp (§ 1), Konstitution und wechselnde Symptomatik der Patienten sollten die von der Krankheitsmaterie verunreinigten Säfte durch ableitende Therapien (Erbrechen, Abführen, Schwitzen, Eiterprovokation, Aderlaß) entlastet und letztlich in der Krisis gereinigt werden. Besonderer Wert wurde anscheinend in Stuttgart auf die Fortsetzung dieser ableitenden Therapie bei protrahierten Verläufen gelegt; beim galligen Fieber beschreibt Schiller diese Option (§ 26); beim entzündlichen bleibt sie (wohl versehentlich) unerwähnt, was die Prüfer ihm in ihrem ersten Gutachten anlasteten.[3]

Eigenständiges: Angesichts dieser zahlreichen Bezüge der *Tractatio* zur zeitgenössischen Medizin und zur an der Militärakademie vertretenen Lehre, die vor allem dem im medizinischen Kanon fest verankerten Thema zuzuschreiben sind, stellt sich die Frage nach einem eigenständigen Beitrag Schillers, der für eine wissenschaftliche Abschlußarbeit aus heutiger Sicht unabdingbar ist. In der Frühen Neuzeit war jedoch Originalität über weite Strecken, jedenfalls bis zum Ende der Ausbildung, kein Gütezeichen. Selbst am Ende des 18. Jahrhunderts, als unter dem Einfluß der Aufklärung und der sich entwickelnden naturwissenschaftlichen Forschung neue Ergebnisse begierig aufgegriffen wurden,[4] blieb in der Medizin die Darstellung des Bewährten die Regel. Bei aller Fortschrittlichkeit galt dies auch für die immer noch im Aufbau begriffene Stuttgarter Militärakademie, deren medizinische Lehrer wissenschaftlich nicht sonderlich produktiv waren.[5]

Trotzdem hebt sich Schillers Prüfschrift von vielen anderen medizinischen Texten durchaus ab; zunächst an einzelnen Stellen durch kritische Bemerkungen über Personen und Lehren (s. o.) oder durch eine Bemerkung über die Natur der Dinge („deren Ord-

---

[1] Zu Boerhaave s. Consbruch (wie S. 70, Anm. 1), S. 126, Th. XXXIII („seltenes Beispiel analytischer, theoretischer und praktischer Beobachtungskraft"); zu Stahl ebd., Th. XXXI f.

[2] Vgl. S. 67, Anm. 3, und Consbruch (wie S. 70, Anm. 1), Th. XXXV, XXXVII.

[3] Vgl. S. 67, Anm. 1.

[4] Vgl. unter diesem Aspekt Schillers Exkurs zur Blutgerinnung in § 13, der neueste Literatur von Moscati und Hewson referiert.

[5] Quarthal 1984, 51. – Auf die breiten Pfade akademischer Publizistik weisen beispielsweise auch die Titel der Prüfschriften von Schillers Kommilitonen hin (s. S. 68, Anm. 3), die sich auf Allgemeindarstellungen beschränkten.

nung nicht so ist, wie wir sie uns in unseren Büchern zurechtlegen"; § 2), die – trotz aller Natur-Kritik – auf den Natur-Kult des „Sturm und Drang" verweisen; das nachfolgende Zitat aus dem *Hamlet* erinnert deutlich an die Shakespeare-Verehrung dieser literarischen Epoche. Vor allem unterscheidet sich aber die *Tractatio* in Sprache und Stil von der meist nüchternen, sprachlich einfacher verfaßten medizinischen Fachprosa der Zeit. Statt hippokratisch-aphoristischer Kürze und Klarheit, wie sie sein Lehrer Consbruch beispielsweise in der zitierten Kasuistik (§ 30) pflegt, nutzt Schiller seinen exquisiten neulateinischen Wortschatz, seine syntaktischen Fähigkeiten und seine Kenntnis in antiker Dichtung aus, um Krankheit und Tod auf vielfältige Weise zu personifizieren und zu dramatisieren.[1] Der Patient wird zum militärischen Schlachtfeld und die Krankheit zum heimtückischen Gegner oder Monstrum (§ 31), ihr Ausgang sogar zur Tragödie (*larva*, § 19; *syrma*, §§ 30, 36) stilisiert. Auch unabhängig von den in der Forschung beschriebenen Bezügen zu dem poetischen Frühwerk[2] entwirft der dichtende und philosophierende Arzt Schiller mitten im fachlichen Diskurs Bilder von Mensch und Natur, die beide unvollkommen sind, leiden und der Hilfe bedürfen.

Zitierte und weiterführende Literatur

Alt, Peter-André: Schiller. Leben – Werk – Zeit. Eine Biographie. Bd 1, 1759–1791. München: Beck, 2000, bes. S. 172–177.

Consbruch, Johann Friedrich: De foemina quadam ex febre putrida petechiali laborante, atque in ea singulari sensu frigoris in ventriculo et intestinis afflicta, in: Nova acta physico-medica Academiae Caesareae Leopoldino-Carolinae, Bd 6 (1778), S. 55–62 (Observatio XII, missa 14.5.1774).

Dewhurst, Kenneth/Reeves, Nigel: Friedrich Schiller. Medicine, Psychology and Literature. Oxford: Sandford 1978, bes. S. 203–251.

Fordyce, William: A new inquiry into the causes, symptoms, and cure of putrid and inflammatory fevers; with an appendix on the hectic fewer, and on the ulceratic and malignant sore throat. [4]London: Cadall, Murray, Davenhill, 1777.

Gebhardt, Werner: Die Schüler der Hohen Karlsschule. Ein biographisches Lexikon. Stuttgart: Kohlhammer, 2011.

Haller, Albrecht von: Artis medicae principes: Hippocrates, Aretaeus, Alexander, Aurelianus, Celsus, Rhazis [sic]. 11 Bde, Lausanne: F. Grasset et socios, 1769–1774 (Bde 1–4: Hippocrates; Bd 5: Aretaeus; Bde 6–7: Alexander Trallianus; Rhazes; Bde 8–9: Celsus; Bde 10–11: Caelius Aurelianus).

Külken, Thomas: Fieberkonzepte in der Geschichte der Medizin. Heidelberg: Ewald Fischer, 1985.

Neuburger, Max: Die Lehre von der Heilkraft der Natur im Wandel der Zeiten. Stuttgart: Ferdinand Enke, 1926.

Probst, Christian: Der Weg des ärztlichen Erkennens am Krankenbett. Herman Boerhaave und die ältere medizinische Schule. Wiesbaden: Franz Steiner, 1972.

---

[1]Ausführlich von Müller und Schulze dargestellt (Schiller 2004, 1322–1324).
[2]Robert 2011, 80–88; Robert 2013; Schuller 1994.

Quarthal, Franz: Die „Hohe Carlsschule", in: Christoph Jamme (Hrsg.): „O Fürstin der Heimath! Glükliches Stutgard": Politik, Kultur und Gesellschaft im deutschen Südwesten um 1800. Stuttgart: Klett-Cotta, 1988 (Deutscher Idealismus 15), S. 35–54.

Robert, Jörg: Vor der Klassik: Die Ästhetik Schillers zwischen Karlsschule und Kant-Rezeption. Berlin/Boston: De Gruyter, 2011, bes. S. 55–80.

Robert, Jörg: Der Arzt als Detektiv. Fieberwissen und Intrige im Geisterseher, in: Robert, Jörg (Hrsg.): „Ein Aggregat von Bruchstücken". Fragment und Fragmentarismus im Werk Friedrich Schillers. Würzburg: Königshausen & Neumann, 2013, S. 113–134.

Schäfer, Daniel: Krankheit und Natur. Historische Anmerkungen zu einem aktuellen Thema, in: Markus Rothhaar, Andreas Frewer (Hrsg.): Das Gesunde, das Kranke und die Medizinethik. Moralische Implikationen des Krankheitsbegriffs. Stuttgart: Franz Steiner, 2012, S. 15–31 (Geschichte und Philosophie der Medizin, Bd 12).

Schäfer, Daniel/Neuhausen, Karl August: Schiller und die Medizingeschichte. Sudhoffs Archiv 98 (2014), S. 76–90.

Schuller, Marianne: Körper. Fieber. Räuber. Medizinischer Diskurs und literarische Figur beim jungen Schiller, in: Wolfgang Groddeck, Ulrich Stadler (Hrsg.): Physiognomie und Pathognomie. Zur literarischen Darstellung von Individualität. Festschrift für Karl Pestalozzi zum 65. Geburtstag. Berlin: De Gruyter, 1994, S. 153–168.

Theopold, Wilhelm: Der Herzog und die Heilkunst. Die Medizin an der Hohen Carlsschule zu Stuttgart. Köln: Deutscher Ärzte-Verlag, 1967.

Sutermeister, Hans Martin: Schiller als Arzt. Ein Beitrag zur Geschichte der psychosomatischen Forschung. Bern: Paul Haupt, 1955 (Berner Beiträge zur Geschichte der Medizin und der Naturwissenschaften, Bd 13).

Wagner, Heinrich: Geschichte der Hohen Carlsschule. 2 Bde, Würzburg: Etlinger, 1856/57.

Werner, Bernd: Der Arzt Friedrich Schiller oder Wie die Medizin den Dichter formte. Würzburg: Königshausen&Neumann, 2012, bes. S. 109–138.

Kommentar

5,4 Meister] antistes: *Leiter einer Kultgemeinschaft, antikisierender Ehrentitel („Oberpriester"); in der Medizin des 18. Jahrhunderts ungebräuchlich.*

5,7 Ökonomie der Krankheiten] *„oeconomia corporis" benutzt der Arzt François Ranchin bereits 1627 im Sinne von „Wohlgeordnetsein des Körpers", so auch bei Schiller* Oeconomiam Coctionum *(§ 8);* oeconomia morborum *oder* febris *(§ 8) erinnert – neben der natürlichen Ordnung der (Patho-)Physiologie – vor allem an die nosologisch-taxonomische Unterteilung der Fieber, die Schiller im Anschluß an Sydenham u. a. vertritt (vgl. Robert 2011, 65–70).*

5,11 Geschichtsbüchern] annalibus *(wörtl.: Jahrbücher; vgl. auch § 38) ist Terminus technicus der Historiographie, nicht der Medizin; die intendierte Bedeutung ‚Fachliteratur aus vergangenen Jahren' verweist auf Schillers medizinhistorischen Zugang zu dem Thema (s. o.); vgl. auch Robert (2013), 119.*

5,19 akademischen Krankenhaus] *Krankenstation der Militärakademie zur Versorgung kranker Schüler, im Unterschied zu den herkömmlichen Hospitälern in Stuttgart und anderswo, die vor allem chronisch Kranke und Hilfsbedürftige aller Art beherbergten.*

5,20 dank der *bis* Krankheiten] *Hinter dem pietätvollen Hinweis auf die göttliche Vorsehung könnte sich auch subtil-ironische Kritik an der Order des Herzogs verbergen, die Schiller und seinen Kollegen ein weiteres Jahr des Studiums auf der Krankenstation aufgebürdet hatte: Wenn dort* nur sehr selten auftretende[n] und sehr milde verlaufende[n] Krankheiten *zu beobachten waren, war dieses Jahr aus pädagogischer Sicht sinnlos.*

5,26 Schultern] *Seit dem Hochmittelalter beliebter Demutstopos der Wissenschaft (Bernard de Chartres, überliefert von John of Salisbury, Metalogicon 3, 4, 46: „nos esse quasi nanos gigantum umeris insidentes"), der neben dem Respekt für die Tradition, auf der sie fußt, die zwar geringen, aber das bisherige Wissen übersteigenden Erkenntnisse hervorhebt.*

5,27 Grundriß beider Krankheiten] ichnographia *ist seit Vitruv in der Fachsprache der Architektur beheimatet, wird in Medizin und Naturwissenschaften des 18. Jahrhunderts selten verwendet (z. B. Johann Samuel Carl: Ichnographia praxeos clinicae. Büdingen: Regelein, 1722). Verweist wie* oeconomia *auf die zeitgenössische nosologisch-taxonomische Unterteilung der Fieber.*

5,29 Lehrling] *Marcus Tullius* Tiro *war – als Sklave und später Freigelassener – Sekretär Ciceros; sein hier adjektivisch eingesetztes Cognomen bedeutete ursprünglich Rekrut (z. B. in einer Gladiatorenschule oder beim Militär), ein (versteckt kritischer?) Hinweis auf Schillers Stellung an der Militärakademie.*

7,13 gegensätzliches Heilverfahren] *Bei akuten Krankheiten war es üblich, den nach dem Schema der Humoralpathologie krankhaft vermehrten Saft bzw. die zugehörigen Qualitäten (z. B. ‚warm-feuchtes' Blut) durch Entzug des Überflüssigen oder durch Stärkung des Entgegengesetzten (‚kalt-trockene' schwarze Galle) auszugleichen und so eine Balance (Eukrasie) der vier Säfte wiederherzustellen. Das im 19. Jahrhundert gebräuchliche ‚Contraria contrariis' ist in diesem Prinzip schon fest verankert.*

7,18 gemäß dem Gesetz der Natur] *Zentraler Begriff der Jurisprudenz (‚Naturrecht'), in der Schiller 1774/75 zunächst ausgebildet wurde. Betont zusammen mit* caracteres *den ontologischen Status der Fieberkrankheiten und deren nosologische Abgrenzung untereinander.*

7,35 Seelenkräfte] *Die* Vires animales *werden im 18. Jahrhundert überwiegend mit den* nachfolgend erwähnten *Seelen-/Nervengeistern (Spiritus animales) gleichgesetzt oder sind deren Wirkungen (*actiones*; vgl. §§ 9, 18). Grundsätzlich werden im neuzeitlichen Galenismus ‚Spiritus naturales', ‚vitales' und ‚animales' unterschieden und den Kardinalorganen Leber/Darm (Ernährung), Lunge/Herz/Blut (Atmung, Kreislauf) und Gehirn/Nerven (Sensibilität, Bewegung) zugeordnet.*

7,36 widernatürlichen Reizes] *Schiller benutzt mit* praeternaturalis *den traditionellen galenistischen Begriff, der Krankheit oder einen krankhaften Affekt als ‚gegen die Natur gerichtet' beschreibt (vgl. § 23; auch wenn der Autor sich nachfolgend von diesem Konzept löst und die Reaktion der Natur als das eigentlich Pathologische bezeichnet).* Stimulus *greift dagegen ein verhältnismäßig neues Konzept Herman Boerhaaves auf (vgl. S. 70, Anm. 5), das physiologische und pathologische Reaktionen des Organismus generell auf Reize (‚stimuli') unterschiedlichster Art zurückführt. Nach der neuralpathologischen Schule (Brendel, Cullen, Haller), die an der Stuttgarter Militärakademie rezipiert wurde, werden solche Reiz-Reaktions-Ketten regelmäßig über Nerven (in Schillers Terminologie: Seelengeister) vermittelt.*

7,39 reizbaren Fasern] irritabiles *zitiert das Irritabilitäts-Konzept Francis Glissons und Albrecht von Hallers, demzufolge lebende Gewebe, insbesondere Muskeln, die Eigenschaft haben, auf Reize zu reagieren, z. B. indem sie sich zusammenziehen.*

7,41 *FN (a)* Sydenham] *Thomas Sydenham: Opera medica. Genf: De Tournes, 1769, Bd 1, sect. 1, cap. 1 (De morbis acutis in genere), S. 19 f.: „Morbum [...] nihil esse aliud quàm Naturæ comamen, materiæ morbificæ exterminationem, in aegri salute omni ope molientis. [...] verum tamen cùm sibi relicta vel nimio opera satagendo, vel etiam sibi deficiendo hominem letho dat."*

9,3 Körpermaschine] *Verweist auf das von René Descartes und der von ihm abhängigen iatromechanischen Schule entwickelte Maschinenmodell des menschlichen Organismus.*

9,5 Miasma] *Insbesondere Thomas Sydenham griff den Miasma-Begriff (‚krankheitsverbreitender Schmutz'; bei Schiller auch zu* myasma *pseudogräzisiert) der hippokratischen Medizin auf, demzufolge eingeatmete ‚verschmutzte' Luft Ursache für Volkskrankheiten ist. Miasmata stammen nach neuzeitlichen Vorstellungen häufig von Sümpfen, Kadavern oder verdorbenen Lebensmitteln, sind jedoch von Kontagien und der zugehörigen Anstekkung von Mensch zu Mensch (s. u.) zu unterscheiden. Beide sind jedoch Krankheitsmaterie (materia morbosa) oder können zu ihrer Bildung beitragen.*

9,12 Abschäumen] *Vorgang nach der Krise am Ende des Kochungsprozesses, korrespondierend zu ‚Aufwallen' (ebullitio/ebullare; §§ 8, 20): Durch Erhitzen oder Fermentation werden Produkte dieser Prozesse frei, die die Flüssigkeit zum Schäumen bringen; beim Abkühlen oder nach Abschluß der Gärung werden vom Körper mit dem Schaum Krankheitsstoffe (‚Unreinigkeiten') vom Körper entfernt (de-spumatio); vgl. Johann Jacob Wojt: Gazophylacium medico-physicum [...]. Leipzig: Lankisch, 1709, S. 271.*

9,15 verbannt *bis* Verbannung des Stoffes] proscripta materia *wird gelegentlich in medizinischen Schriften (z. B. bei Philipp Grülingen: Florilegii hippocrateo-galeno-chymici novi [...] editio tertia. Leipzig: Frommann, 1665, S. 67) als Ausdruck für von Natur oder ärztlicher Kunst beseitigte Krankheitsmaterie verwendet, vielleicht metaphorisch im Anschluß an den Begriff des Römischen Rechts für einen öffentlich bekanntgegebenen ‚Einzug' von Gütern (Proskription).*

9,25 natürlichen Rhythmus] *In der frühneuzeitlichen Medizin meist nur für Atmung und Herztätigkeit/Puls benutzt, hier dagegen für alle Lebensvorgänge; ebenso bei Ludolphus Stenhuys: Dissertatio medico-chirurgico-practica inauguralis, de hæmorrhagiis in genere. Groningen: Hajo Spandaw, 1753, S. 33.*

9,29 über die natürlichen Wege] *Übliche Bezeichnung für Ausscheidung durch Harn und Stuhl, evtl. auch durch Schweiß, Auswurf und Erbrechen.*

9,38 Labyrinthe der Irrtümer] *In der Frühen Neuzeit meist im theologischen Kontext benutzt (vgl. auch Petrarca, Epistolae familiares VIII, 8); vielleicht dezenter Verweis auf Theophrastus von Hohenheim (Paracelsus), Labyrinthus medicorum errantium. Hannover: Antonius, 1599.*

9,41 Da gibt es *bis* Philosophie] *Leicht verändertes Zitat aus William Shakespeare, Hamlet I, 5 („There are more things in heaven and earth, Horatio, Than are dreamt of in your philosophy"). Die deutsche Übertragung von Wieland, die Schiller kannte, verzichtet auf den Komparativ („Es giebt Sachen im Himmel und auf Erden, wovon sich unsre Philosophie nichts träumen läßt").*

11,6 verletzten Funktionen] *Die Einschränkung einer normalen Eigenschaft oder Fähigkeit des Körpers (‚functio laesa‘) gilt seit Anfang des 19. Jahrhunderts als fünftes ‚klassisches‘ Kennzeichen der lokalen Entzündung (neben den von Celsus genannten vier: Schmerz, Schwellung, Wärme, Rötung; vgl. Heinrich Callisen: System der neueren Chirurgie: zum öffentlichen und Privatgebrauche. Bd 1, ⁴Kopenhagen: Callisen, 1822, S. 498). ‚Functiones laesae‘ sind in der frühneuzeitlichen allgemeinen Pathologie (z. B. bei Felix Platter oder Herman Boerhaave) geläufige Begriffe. Doch erst 1785 gibt William Cullen in seiner Nosologie unter „Pyrexiae“ („Morbi febriles acutorum“) als generelle Symptomatik von Fiebern an: „Post horrorem pulsus frequens, calor major, plures functiones laesae, viribus praesertim artuum imminutis“ (The works of William Cullen. Bd I, Edinburgh: Blackwood, 1827, S. 245).*

11,16 Ursachen] *In der Ätiologie des 18. Jahrhunderts wurden (prä-)disponierende – langfristig* vorausgehende *im Sinne von ‚ursprünglichen‘* (primitivae, § 8), entfernten (remotae, § 12), obligat vorliegenden – Krankheitsursachen deutlich von zufällig dazutretenden, variablen Gelegenheitsursachen *im Sinne von spontanen Krankheitsauslösern (vgl. § 6) unterschieden.*

11,20 Blutüberfülle] *plenitudo ist nach Zedler, Bd 28 (1741), 803, das lateinische Synonym zu griech. plethora (s. §§ 4 f.).*

11,22 Körperverrichtungen] *Entsprechend der Unterteilung der Kräfte* (vires) *und Geister* (spiritus; s. o. *7,35 Seelenkräfte) unterscheidet die Medizin des 18. Jahrhunderts auch natürliche, vitale und nervenbedingte ‚Handlungen‘ des Körpers (actiones/functiones naturales, vitales, animales; vgl. § 9).*

11,35 durch Kochung verdauen] *Mit coctio (im Verb* concoquunt *enthalten) wird nicht nur der Vorgang der Aufbereitung von Krankheitsmaterie, sondern auch der normale, aus galenistischer Sicht wärmebedürftige Prozeß der Verdauung aufgenommener Nahrung bezeichnet.*

11,35 schlaffen Körper] *Schiller greift mit* laxum *die (vor allem von Herman Boerhaave und der iatromechanischen Schule aufgegriffene) Unterscheidung der antiken Methodiker zwischen einem ‚Status strictus‘ (angespannter Zustand des Körpers) und einem ‚Status laxus‘ auf – beide Zustände prädisponieren zu Krankheiten; die Plethora setzt ein angespanntes Gewebe voraus (s. u. § 5), die Fettsucht ein schlaffes.*

13,30 Rückgang der Milch] *Bezieht sich auf die Laktation bei stillenden Frauen.*

13,30 ‚idiopathische‘ bis ‚konsensuale‘] *Wie auch sonst in der Medizin des 18. Jahrhunderts vertreten, unterscheidet die Fieberschrift zwischen Krankheiten bzw. Symptomen, die nur innerhalb eines bestimmten Organs (idiopathicus), und solchen, die infolge des Einflusses benachbarter oder auch weit entfernter Organe entstehen oder sich auswirken* (consensualis/consensus *oder die Gräzismen* sympathicus/sympathia; vgl. §§ 9, 23, 25, 34).

13,32 lokale Blutüberfülle] *Im zeitgenössischen Plethorakonzept werden partielle/lokale Stauungen in einzelnen Organen von universalen, den ganzen Körper erfassenden unterschieden; vgl. §§ 11 f.*

13,34 ‚Genius epidemicus‘] *Begriff aus der Fieberlehre Thomas Sydenhams; dient der Charakterisierung bestimmter Fieberepidemien, die durch Miasmen lokal und temporär verschieden ausgelöst und beeinflußt werden und sich dadurch voneinander unterscheiden (vgl. § 32).*

13,39 Symptomatische Entzündungen] *Entzündungsvorgänge, die nur Symptom eines den gesamten Körper betreffenden Grundleidens sind. Ansonsten ist ,Entzündung' (genauso wie ,Fieber') im Sprachgebrauch des 18. Jahrhunderts eine Krankheit sui generis.*

13,41 Zündstoffe] *Aus Natur oder Technik (fomes: Zunder) abgeleitetes Metonym, das zum einen eine direkte Entzündungsursache (Krankheitsmaterie; vgl. §§ 17, 25, 28), zum anderen einen verstärkenden und beschleunigenden Faktor im Körperinneren für von außen eindringende Kontagien oder Miasmen umschreibt.*

15,14 Boerhaave] *Zur Person s. Personenregister. Zum Stimulus-Konzept vgl. auch **7,36** widernatürlichen Reizes.*

15,17 den größeren Teil der Kräfte] *Nerval vermittelte Seelenkräfte (s. o. **7,35**), die für den Antrieb der Herzfunktion verantwortlich sind.*

17,9 Mischung] temperies *(s. a. § 34) oder griech.* crasis *(§ 28) sind Leitbegriffe aus der galenistischen Säftelehre, geben häufig eine individuelle angeborene Konstitution (Temperament) an, gelegentlich aber auch die konkret bei einer Krankheit vorliegende (Fehl-) Mischung (eigentlich Intemperies/Dyskrasie).*

17,15 Lebenskraft *bis* erhöht ist] *Die* vis vitalis *repräsentiert die von den* Spiritus vitales *(s. **7,35** Seelenkräfte) vermittelte Herz-Kreislauf-Funktion.*

17,17 entzündlichen Fiebers] *Der Gräzismus* phlogistica *ist primär ein Synonym zu* inflammatoria, *weist aber zugleich auf eien spezielle Phlogiston-Theorie des unmittelbar nachfolgend erwähnten Georg Ernst Stahl hin (vgl. Schiller 2004, 1335 f.); ihr zufolge müßte sich der entzündliche Stoff in einer chemischen Reaktion verbrauchen und nicht vermehren. Allerdings erwähnt Schiller im folgenden unkritisch selbst das Phlogiston als* inflammabili principio *(§ 8) und* ignem fixum/fluidum *(§ 13).*

17,22 FN (c) Sydenham] *Thomas Sydenham, Opera medica. Genf: De Tournes, 1769, Bd 1, sect. 1, cap. 5 (Febres Intermittentes Annorum 1661, 62, 63, 64), S. 46: „Et quidem ad exhorrescentiam quod attinet […] ego illam exinde oriundam arbitror, quòd materia Febrilis, quæ nondum turgescens à massa sanguinea utcunque assimilate fuerat, jam tandem non solùm inutilis, verùm & inimica naturæ facta, illam exagitat quodammodo atque lacessit, ex quo fit, ut naturali quodam sensu irritate & quasi fugam molita, rigorem in corpore excitet atque horrorem, aversationis suæ teftem & indicem. Eodem plane modo, quo potions purgantes à delicatulis assumptæ, aut etiam toxica incautè deglutita, horrores statim inferred solent, aliaque id genus symptomata."*

17,24 FN (c) assimiliert] *Wörtlich ,ähnlich macht'; im medizinischen Kontext geht es meist um einen Vorgang der Verdauung, bei dem der Nahrung dem Körperzustand angeglichen wird, hier dagegen um die Aufnahme der Krankheitsmaterie in das Blut.*

17,31 FN (d) Aretäus] *Aretaeus: De morborum acutorum curatione lib. 1, cap. 10 De curatione pleuritidis, in: Haller (1769–74, Bd 5, S. 171 f. (wörtliche Wiedergabe des Zitats bei Schiller). Griech. Ausgabe: ed. Hude CMG II, S. 114, dort lib. V, 10, 2.*

17,37 FN (e) Systole *bis* Diastole] *Phase, in der sich das Herz zusammenzieht, um Blut aus den Kammern in die Kreisläufe auszutreiben, bzw. wieder erweitert, um Blut aus den Kreisläufen aufzunehmen. Die im folgenden erwähnte Unterscheidung von zwei Pulsarten findet sich in § 17 (vgl. **31,22** und dennoch unterdrückten Puls).*

19,2 ,Stahlsche Selbstherrschaft'] *In der ,Dissertatio Medica Practica De Autokratia Naturæ, Sive Spontanea Morborum Excussione, & Convalescentia' (Halle 1696) vertrat Georg Ernst Stahl zum einen die Lehre von der Heilkraft der Natur, die aus sich heraus (Auto-*

cratia) *Krankheiten bekämpft; er setzte aber außerdem (im Gegensatz zu den meisten Neohippokratikern) Natur mit einer den Körper regierenden Seele gleich; Fieber war demnach ein Ausdruck ihres Bemühens, schädliche Stoffe zu entfernen, und sollte daher auf keinen Fall bekämpft werden. – Das Prädikat* hervorragend *ist daher ironisch zu verstehen; das im entzündlichen Fieber sich vermehrende Phlogiston spricht klar gegen die* Autocratia.

19,13 entzündlichen Grundstoff *bis* entwickelt hatte] *Anscheinend beschreibt Schiller hier einen chemischen Prozeß der (De-)Phlogistierung: Unter dem Einfluß der Fieberhitze wird zunächst Brennbares (Phlogiston) in der Niere freigesetzt, das sich dann mit einem nicht näher gekennzeichneten salzigen Element zu einem Alkali verbindet.*

19,15 die von Santorio beschriebene Ausdünstung] *Santorio bewies experimentell über die mit einer Körperwaage bestimmten Gewichtsdifferenzen (unter Einbezug konsumierter Lebensmittel und sichtbaren Ausscheidungen) die unsichtbare Ausdünstung (per- oder transpiratio insensibilis) durch Haut und Lunge.*

19,43 primäre Heilanzeige] *Auf den Ursprung und Anfang der Krankheit bezogene Indikation, nach der sich die Therapie prinzipiell zu richten hat.*

21,1 ‚natürlichen' und der ‚vitalen' Aktionen *bis* ‚seelischen'] *Siehe Kommentar zu* **7,35** Seelenkräfte.

21,3 angestrengte Nachtwachen] *Vgl. Livius IX, 24, 5 („aufmerksame Nachtwachen").*

21,6 Sehnenhüpfen] *Subsultus tendium gilt nach dem ‚Encyclopädischen Wörterbuch der Wissenschaften, Künste und Gewerbe' (hrsg. von H. A. Pierer, Bd 20, Altenburg: Literatur-Comptoir, 1833, S. 551) als „convulsivisches, schmerzloses, von Zeit und Zeit wiederkehrendes Zucken der Muskeln [...] in Verbindung mit andern üblen Zeichen deutet es aber eine große Niederlage der Lebenskräfte an, besonders in Fieberkrankheiten, und geht dann häufig dem Tode vorher" (vgl. auch § 22).*

21,8 in Hinsicht auf den tiefsten Bereich des Bauchs ‚sympathisch' ist] *D. h. von Unterbauchleiden sich herleitet; s. Kommentar zu* **13,30** *(‚idiopathische' bis ‚konsensuale').*

21,22 Verschärfungen] *Wörtliche Übersetzung von exacerbationes; obwohl das einfache entzündliche Fieber zu den Febres continuae (vgl. § 3) und nicht zu den Febres intermittentes (Wechselfiebern) mit regelmäßigen Perioden rechnet, geht Schiller zunächst (und auch nach überstandener Krise; vgl. § 17) von einem wellenförmigen Verlauf der Fieberkurve aus, der auch zwischenzeitliche remissiones zuläßt (vgl.* **33,29** *dauerhafte nachlassende Fieber).*

21,35 FN (f) [recte g] *nach Beruhigung des Blutandrangs durch den Kopf] Die Vena jugularis (Drosselvene) leitet Blut aus dem Kopf ab in Richtung Herz; nach zeitgenössischer medizinischer Vorstellung sollte ein an dieser Stelle vorgenommener Aderlaß zu einer (rückläufigen) Entlastung des gestauten Blutkreislaufs durch das Gehirn führen (vgl. Kommentar zu* **27,7** *‚von hinten') und damit zunächst zu einem Andrang des Blutes, also zu einer vermehrten Durchblutung des Gehirns, die wiederum als Auslöser der Krämpfe betrachtet wurde.*

21,39 FN (g) [recte f] Hippokrates] *Aphorismen VII, 13 (ed. Littré IV, 580; im griech. Text entspricht ‚tétanos' der lat. distensio); lat. Text bei Haller (1769–1774), Bd 1, S. 492.*

23,2 in einem sich leicht neigenden Flußbett fließt] *Schiller verknüpft hier zwei Passagen der klassischen lateinischen Prosaliteratur: Zum einen Quintilian inst. 9, 4, 7: „[...] quanto vehementius fluminum cursus est prono alveo [...], tanto [...] fluit [...] melior* *oratio"* (*„[…] je heftiger der Lauf der Flüsse ist, wenn sich das Flußbett neigt […], desto besser fließt die Rede […]"*); zum anderen Tacitus hist. 5, 19, 2: „*[…] diruit molem a Druso Germanico factam Rhenumque prono alveo in Galliam ruentem, … effudit"* (*„[…] er zerstörte […] den von Drusus Germanicus erbauten Damm und ließ den Rhein, der in leichtem Gefälle nach Gallien strömt, […] abfließen"*). Somit wird Quintilians Junktur „*oratio fluit"* von Schiller auf ipsa medendi ratio übertragen. Der Sinn ist: Das Heilverfahren befindet sich auf bestem Wege, wenn nachfolgende, aus der Pathologie abgeleitete Regeln eingehalten werden.

23,24 lebenserhaltenden Teile] *Galenistische Bezeichnung für das Herz-Kreislauf-System und die Atmung, s. Kommentar zu* **7,35** *Seelenkräfte.*

23,33 pleuritische Kruste] *Durch Gerinnung entstehende und für Entzündungen charakteristische Verfestigung an der Oberfläche von entnommenem, stehendem Blut, von Pathologen auch ‚Speckhaut' genannt.* pleuritica *anstelle des sonst verwandten* inflammatoria *(§ 13) oder* phlogistica *(§ 17) bezieht sich auf die Grunderkrankung der Pleuresie, eine Entzündung des Brust-/Rippenfells, gegebenenfalls einschließlich der Lungen.*

23,33 und bis heute liegt der Streit vor Gericht] *Vgl. Horaz: Ars poetica V. 78:* „*Grammatici certant et adhuc sub iudice lis est."* litigatum est *bei Schiller entspricht sinngemäß* „grammatici certant" *bei Horaz.*

23,38 Hewson] *Zur Person s. Personenregister; vgl. William Hewson: Vom Blute, seinen Eigenschaften, und einigen Veränderungen desselben in Krankheiten […]. Nürnberg: Lochner, 1780, insbes. S. 14.*

23,38 Moscati] *Zur Person s. Personenregister; vgl. Peter Moscati: Neue Beobachtungen über das Blut, und über den Ursprung der thierischen Wärme. Aus dem Italiänischen übersezt von Carl Heinrich Köstlin. Stuttgart: Mezler [!], 1780, insbes. S. 7–10.*

23,39 Blutflüssigkeit, Lymphe und Kügelchen] *Nach heutiger Terminologie bezeichnet* Serum *Blutflüssigkeit ohne Gerinnungsfaktoren und ohne Zellen (d. h. hauptsächlich ohne Erythrozyten =* Kügelchen*), Blutflüssigkeit mit Gerinnungsfaktoren dagegen* Plasma *(hier* lympha *genannt); der Begriff* Lymphe *ist aktuell für eine wässrig-gelbe Flüssigkeit reserviert, die aus den Geweben und dem Verdauungssystem (dort mit Nährstoffen aus dem Darm beladen) in eigenen Gefäßen (Lymphsystem) fließt, letztlich in den Blutkreislauf mündet und dort im Plasma aufgeht.*

25,2 ‚festes Feuer'] *Unter dem italienischen Begriff* fuoco solido *(oder* liquido*) versteht Piero Moscati in Anschluß an Benjamin Franklins ‚*solid' *oder ‚*liquid fire' *einen in Körpern unsichtbar enthaltenen Teil, der als Feuer (mit allen dessen Eigenschaften) freigesetzt werden kann und (nach Moscatis Andeutung) dem ‚*phlogiston' *Georg Ernst Stahls (s. o.* **19,13** *entzündlichen Grundstoff) entspricht. Zugabe von festem Feuer meint also Vermengung mit Kohle, Schwefel oder (wie im folgenden angegeben) gebranntem (‚lebendigem', ungelöschtem) Kalk (Calciumoxid). Nach Moscatis Auffassung ist Gerinnung der Blutflüssigkeit also eine Form von Phlogistierung, ein Prozeß, der unter den Bedingungen des Entzündungsfiebers (Febris phlogistica mit Überschuß an Phlogiston) auch im Körper vonstatten geht und zu der in § 7 skizzierten Stockung des Bluts in den kleinen Lungengefäßen beiträgt.*

25,7 Gaub] *Zur Person s. Personenregister; vgl. Hieronymus David Gaub: Institutiones pathologiae medicinalis. Leiden: Samuel und Johannes Luchtmans, 1758, S. 160 (§ 344). Gaub nennt dort allerdings serum, rubrum und fibra als die drei Bestandteile des Blutes; der Begriff lympha wird noch nicht verwendet.*

25,37 ‚Leukophlegmatia‘] *Wörtlich „Weißschleimkrankheit", bestimmte Form der Einlagerung von Wasser unter die Haut (‚Wassersucht‘, Ödeme), bei der die geschwollene Oberfläche kaum komprimierbar ist, was aus Sicht des 18. Jahrhunderts durch ein Festwerden der eingelagerten Flüssigkeit bedingt ist.*

25,38 öliges Blut daher eine Entzündung begünstigt] *Öl enthält aus Sicht des 18. Jahrhunderts wie Kohle oder Schwefel viel ‚phlogiston‘; öliges Blut wiederum ist Folge einer reichlichen Ernährung, die bei bestimmten Menschen zur Plethora disponiert (vgl. § 5).*

25,40 Neben- zum Hauptweg] diverticulum *ist seit dem frühen 18. Jahrhundert auch medizinischer Terminus technicus vor allem für eine Ausstülpung der Darmwand nach außen, vgl.* Abraham Vater/Paul Gottlieb Berger: Dissertatio anatomica qua novum bilis diverticulum circa orificium ductus cholidochi [!] ut et valvulosam colli vesicae felleae constructionem. Wittenberg: Gerdes, 1720. *Weitet man dieses Metonym im Sinne einer Metapher auf den Kontext aus, entspräche die* via *im lat. Text der* via prima *des Magen-Darm-Traktes (vgl. §§ 25, 33), an dessen Ende Kot [!] ausgestoßen wird.*

25,41 erhoffte Wohlbefinden] *Der Gräzismus* cum euphoria *wird in der neulateinischen medizinischen Fachprosa häufig abschließend für den Erfolg einer durchgeführten Therapie benutzt, bezieht sich also nicht auf eine subjektive psychische Stimmung.*

27,7 ‚von hinten‘] *D. h. rückläufig, entgegen dem Blutstrom: Verursacht durch die entzündungsbedingte Stauung im kleinen Kreislauf, strömt zu wenig Blut in das Herz und den großen Kreislauf.*

27,10 Stickfluß] *Die lateinische Bezeichnung* Catarrhus suffocativus *meint ursprünglich ein Ersticken durch (vom Gehirn) herabfließenden (griech. kata-rrhéo) Schleim in die Lunge. Wird im 19. Jahrhundert als Komplikation bei akuter Bronchitis genannt, in Abgrenzung zum kardial bedingten Lungenödem. Im geschilderten entzündlichen Fieber ist an beides zu denken.*

27,10 „Hier ist Rhodos, hier springe"] *Seit Erasmus von Rotterdam (Adagia III, 3, 28) latinisierte Sentenz aus Äsop, Fabulae V. 33.*

27,32 eine stellvertretende Krisis nachahmen] *Pleonasmus; die eigentliche Krisis, die ebenfalls u. a. durch Schweißausbrüche gekennzeichnet ist (s. u. § 17), steht gemäß dem natürlichen Ablauf der Krankheit noch bevor.*

27,36 Sauerhonig der Alten] *Mit* veterum *sind die vorneuzeitlichen medizinischen Autoritäten angesprochen (ebenso in § 20; vgl.* **53,42** *göttlicher Greis).*

27,38 FN (i) Lebenskraft *bis* geschwächt werden muß] *Die Kampfergabe zur Wiederanregung der Lebenskraft, die vorher durch den Aderlaß geschwächt werden mußte, verdeutlicht nochmals die therapeutische Gratwanderung, deren sich die Medizin des 18. Jahrhunderts bewußt war (vgl. § 12): Geschwächt werden durfte nur das den Prozeß der Entzündung fördernde Übermaß der Lebenskraft, nämlich die Plethora; danach konnte und sollte der Arzt die Lebenskraft wieder fördern.*

29,40 Schrift des Hippokrates über die weit verbreiteten Krankheiten] De morbis popularibus, *nach heutiger Terminologie die Schriften ‚Epidemien‘ I–VI, hier lib. III., Nr 8; ed. Littré III, 124–127; Haller (1769–1774), Bd 1, S. 159.*

31,22 und dennoch unterdrückten Puls] *Der* Pulsus suppressus *ist wie der* Pulsus debilis *durch eine wenig spürbare Ausdehnung der Arterie gekennzeichnet; dies ist aber Folge von deren übermäßiger Füllung, während beim* Pulsus debilis *die Pulsfähigkeit der Arterie* *prinzipiell ‚frei' ist (Pulsus liber) und die Ursache für die Schwäche im Herzen oder den zentralen Arterien zu suchen ist.*

31,36 entzündungsartiges Fieber ohne Entzündung] *Die Feststellung ohne Entzündung leitet sich offensichtlich aus der fehlenden entzündlichen Kruste im Aderlaßblut (s.* **23,33** pleuritische Kruste*) her.*

31,40 lebenserhaltenden Tätigkeiten] *Mit* actiones vitales *sind Herz-Kreislauf-Tätigkeit und Atmung angesprochen; s.* **7,35** Seelenkräfte.

33,3 ‚Hippokratische Gesicht'] *Aus der hippokratischen Schrift ‚Prognostikon' (c. 2; ed. Littré II, 112–118; Haller [1769–1774], Bd 1, S. 169–171) abgeleitete Beschreibung des Gesichts eines Sterbenden.*

33,4 ging die Entzündung *bis* Peripneumonie über] *Das lateinische Verb* abscessit *deutet einen Vorgang der Abszeßbildung an (ähnlich § 38).* Peripneumonie *(‚Lungensucht'; vgl. Caelius Aurelianus, De morbis acutis 2, 25 ff.; Haller [1769–1774], Bd 10, S. 154–164) meint hier (globale) Lungenentzündung; die Kurzform ‚Pneumonia' war zwar schon in der griechischen Antike bekannt, verbreitete sich aber erst um 1800 in Europa.*

33,19 roher Urin] crudus *meint als Gegenbegriff zu* coctus *(‚gekocht', z. B. §§ 17, 28, 36) analog zu unbehandelten Lebensmitteln einen unverdauten Stoff, der selbst pathogen ist oder wenigstens Ausdruck eines pathologischen Vorgangs. Nach Karl August Wilhelm Berends (Vorlesungen über praktische Arzneiwissenschaft. Bd 1: Semiotik, Berlin: Enslin, 1827, S. 366 f.) verstanden die ‚alten' Ärzte unter rohem Urin einen reichlich abgehenden, dünnen, wässrigen und wasserhellen (aus heutiger Sicht: unkonzentrierten) Harn.*

33,24 ‚Sechs nicht natürlichen Dinge'] *Im Unterschied zu den ‚Res naturales' (von der Natur vorgegebene Umstände wie Alter oder Geschlecht) können nach dem Verständnis der mittelalterlichen und frühneuzeitlichen Medizin die* Res non naturales *vom Menschen selbst beeinflußt werden. Traditionell werden sechs Bereiche unterschieden: Luft; Speise und Trank; Bewegung und Ruhe; Schlafen und Wachen; Körperausscheidungen; Leidenschaften (*animi adfectus; *vgl. § 20).*

33,29 dauerhafte nachlassende Fieber] *Schiller bietet keine Fiebersystematik, sondern setzt einzelne, schon zu seiner Zeit historische Begriffe als bekannt voraus. Remittierende Fieber wechseln periodisch in ihrer Stärke, unterscheiden sich aber von (intermittierenden) Wechselfiebern (Tertiana, Quartana etc.) grundsätzlich darin, daß sie keine komplett fieberfreien Episoden aufweisen – insofern gehören sie, genauso wie die entzündlichen, akuten (§ 3), die fauligen (§ 19) und die auszehrend-schleichenden Fieber (*febres lentae; *§ 30), zur Hauptgruppe der* febres continuae. *Demgegenüber imponieren Wechselfieber als zweite Hauptgruppe aufgrund ihrer fieberfreien Phasen als ‚kalte' Fieber. Graphische Übersicht der erwähnten Fiebertypen bei Werner 2012, 110.*

33,30 Maske katarrhalischer Erkrankungen] *Unter Katarrh verstand die vormoderne abendländische Medizin nicht nur akute Erkrankungen der oberen und unteren Luftwege mit Schleimbildung (z. B. banale ‚Erkältungen' oder lebensgefährlicher Stickfluß, s. o.* **27,10** Stickfluß*), sondern jede Form von krank machendem herabfließenden Schleim, insbesondere auch im Bereich des Magen-Darm-Traktes (‚Magenkatarrh').*

33,31 Haarsträuben hier und da] *Wörtliche Übersetzung, im Sinne von Gänsehaut oder Schauder.*

33,32 Herzgegend] *Die* praecordia *(„vor dem Herzen gelegen") werden in der frühneuzeitlichen Medizin unterschiedlichen topographischen Regionen zugeordnet (Zwerchfell, Hy-*

*pochondrium, Epigastrium, Brustregion, Thoraxorgane). Da der Begriff bei Schiller fast immer mit Engegefühlen (*angustia, anxietates*) kombiniert wird, kommen dafür am ehesten herz- und/oder atmungsassoziierte Beschwerden in Frage, nach heutiger Terminologie z. B. Angina pectoris oder Asthmasymptome.*

33,38 epidemieartig *bis* Ansteckung] *Das späte 18. Jahrhundert unterschied mit Sydenham noch einerseits zwischen Epidemien, die durch* Miasma *(„Schmutz", s. o.* **9,5** Miasma*) oder einen* Genius epidemicus *(s. o.* **13,34***) viele Menschen gleichzeitig befielen, und andererseits der sukzessiven Krankheitsausbreitung durch unmittelbare „Berührungen" (*contagia*) von einem Kranken zum anderen (wobei der genaue Prozeß in der vorbakteriologischen Ära nicht erklärt werden konnte). Schillers nachfolgendes, seine Prüfer erzürnendes Bekenntnis, die Herkunft und Entstehung der Krankheitsstoffe nicht zu kennen (vgl. S. 67, Anm. 3), drückt weniger persönliches Unwissen als seine Skepsis (*pererrasse!*) gegenüber dem überlieferten, offensichtlich lückenhaften Konzept aus.*

35,3 Nahrungssaft] *Im oberen Magen-Darm-Trakt wird Speisebrei mit Hilfe von Magensäure, Galle und Fermenten verdaut und der entstehende Chylus über das Lymphsystem in den Blutstrom eingebracht.*

35,11 Unordnung der Nerven] *Bei griech.* αταξια *könnten auch moralische Konnotationen (im Sinne von Zuchtlosigkeit, Insubordination) mitschwingen, die zur Entstehung des Faulfiebers beitragen.*

35,14 sechshundert Beobachtungen] *600 oder auch die Halbierung 300 (vgl. Horaz: Ode III 4, V. 79f. trecentae […] catenae) sowie die Steigerung 1000 sind in der lateinischen Literatur weitverbreitete topische Zahlangaben, um eine sehr große Anzahl und eigentlich eine unzählige Menge mit einem scheinbar präzisen Zahlwort zu umschreiben (ebenso am Ende von § 26).*

35,14 Aufloderungen] *Wörtliche, bildhafte Übersetzung;* exaestuationibus *vermutlich synonym zu* exacerbationibus.

35,15 Anspannungen] distentio *entspricht griech.* tétanos; vgl. **21,39** FN (g).

35,28 Nostalgie] *Im späten 17. Jahrhundert (Johann Jakob Harder/Johann Hofer: De nostalgia oder Heimwehe, Basel: Bertsch, 1678) erstmals beschriebene Sonderform der Melancholie.*

35,32 heißen Brand] *Gewebeabsterben als Spätfolge einer lokalen oder allgemeinen Infektion an inneren oder äußeren Organen, z. B. bei nicht heilenden Wunden oder fehlender Durchblutung von Geweben. Der Chirurg Wilhelm Fabry unterschied heißen Brand (*gangraena*) vom kalten (*sphacelus*), wobei ersterer sich durch eine Entzündungsreaktion im gesunden Gewebe angrenzend zur Nekrose auszeichnet, die bei letzterem fehlt (De Gangræna Et Sphacelo. Köln: Reschedt, 1593).*

37,3 Hydrophobie] *„Wasserscheu", ein wichtiges Symptom des Nervenleidens Tollwut (ebenso in § 23).*

37,3 Hypochondrie *bis* milzsüchtig bezeichnet] *Wörtlich „Bereich unter den (Rippen-)Knorpeln" (vgl. auch § 30), was der Position der Milz im linken Oberbauch entspricht. Modekrankheit des 18. Jahrhunderts, u. a. als männliches Pendant zur Hysterie und als Gelehrtenkrankheit verstanden im Sinne eines somatopsychischen Nervenleidens.*

37,13 Koer] *Traditionelle Bezeichnung für Hippokrates, der auf der Insel Kos geboren sein soll.*

37,15 Ohnmacht] *Diese in den Kontext passende Übersetzung setzt voraus, daß* lipothymia *zu* lypothymia *pseudogräzisiert wurde (in dieser Schreibweise bereits im ‚Arzneybuch' von*

Christopherus Wirsung [Heidelberg: Mayer, 1568, S. 227] als Bezeichnung für leichte Bewußtlosigkeit verwendet). Die heute noch im Angloamerikanischen verbreitete Krankheitsbezeichnung Lypothymia (Traurigkeit, endogene Depression) scheint demgegenüber erst im 19. Jahrhundert Verbreitung gefunden zu haben.

37,21 ‚Halmesammeln‘] *In der frühneuzeitlichen Medizin synonym zum hippokratischen ‚Flockenlesen‘, eines der prognostisch ungünstigen Zeichen bei akutem Fieber (vgl. Kasuistik am Ende von § 23).*

37,31 ‚fixierten‘ *bis* Luft] aëre fixo *meint in festen Körpern eingeschlossene* Luft *(Gas), die durch Gärungs- oder Verbrennungsvorgänge freigesetzt werden kann.*

37,32 Atmung ist bald hoch] *(re-)spiratio sublimis ist ein zeitgenössischer Terminus technicus für eine Atmungsform, bei der Atembewegungen vor allem im oberen Teil des Brustkorbs und den Schulterblättern zu sehen sind, typischerweise bei eingeschränkter Zwerchfellatmung infolge Drucks aus dem Bauchraum.*

37,34 Purpura] *Rötlich-livide Hautflecken, bei Fieber häufig Folge von Blutungsneigung infolge Gerinnungsstörung mit zunächst kleinsten Blutungsherden (Petechien), die zusammenfließen. Speziell Scharlach nannte man früher auch Purpurkrankheit.*

37,39 FN (l) Hippokrates] *Vgl. Corpus Hippocraticum, Aphorismen IV, 22; ed. Littré IV, 510 f.; Haller (1769–1774), Bd 1, S. 475 (ohne aut sursum).*

37,40 FN (m) praktische Arzt Würtembergs] *Erneut Anspielung auf Consbruch und dessen Schrift „Beschreibung des in der Würtembergischen Amts-Stadt Vayhingen, und dasiger Gegend graßierenden faulen Flekfiebers, und der dabei beobachteten Kurart“ (in: Samlung von Beobachtungen aus der Arzneygelahrheit und Naturkunde. Bd 4, Nördlingen: Gottlob Becken, 1773, S. 67–86).*

39,4 Hätte ich *bis* benennen.] *Abgewandeltes Zitat aus Vergil, Aeneis 6, V. 625–627 (Morbi statt scelerum, spasmorum statt poenarum).*

39,21 Phrenitis und Paraphrenitis] *Entzündung des Gehirns mit den Hirnhäuten (Paraphrenitis gilt als mildere Form); sowohl Schillers Lehrer Consbruch (De febribus malignis, Tübingen: [Erhard], 1759, S. 7, § 7) als auch dessen Lehrer Brendel haben sich ausführlich mit der Ätiologie befaßt und den von Schiller skizzierten Zusammenhang mit galligen Unterleibsübeln herausgearbeitet. – Demgegenüber paßt Boerhaaves Deutung von* (Para-)Phrenitis *als Entzündung des Zwerchfells (Diaphragmitis) hier eher nicht, obwohl auch dort das nachfolgend erwähnte sardonische Lachen als wichtiges Symptom gilt.*

39,22 sardonisches Lachen] *Der* Risus sardoni[c]us *ist in der aktuellen Medizin pathognomonisch für Tetanus (Wundstarrkrampf); im 18. Jahrhundert galt er als Symptom von Gehirn- oder Zwerchfelleiden (s.* **39,21** Phrenitis*). Ein Bezug zu Sardinien (Giftpflanze ‚herba sardoni[c]a‘; vgl. Vergil, Ecloga VII, V. 41) oder zu Homer (Odyssee 20, V. 302) ist möglich.*

39,22 Veitstanz] *Volkstümliche Bezeichnung für Tanzwut; seit Sydenham Name einer Nervenerkrankung, die durch Muskelunruhe und Koordinationsstörung bei den willkürlichen Bewegungen gekennzeichnet ist und sich mit Störungen der Stimmung und des Intellekts, zuweilen bis zu Psychosen, verbindet (nach Otto Dornblüth: Klinisches Wörterbuch. Berlin: De Gruyter,* [13]*1927).*

39,24 Starrsucht nach Aetius] Catochus Aetii, *wahrscheinlich aus der von Schillers Lehrer Consbruch verfaßten ‚Dissertatio De febribus malignis‘ (Tübingen: [Erhard], 1759, S. 16,*

§ 18 und S. 19, § 20) übernommen, demnach synonym zu stupor (‚Betäubung‘ mit offenen Augen, in der Terminologie des Aetius zwischen Phrenitis und Lethargus angesiedelt).

39,24 ‚Coma vigil‘ *bis* ‚somnolentum‘] *Im Unterschied zur heutigen Definition meint (Wach-)Koma im 18. Jahrhundert keine tiefe Bewußtlosigkeit, sondern lediglich ein Zustand verminderter Wachheit;* Coma vigil *kann auch eine Übermüdung mit Unfähigkeit zu schlafen bedeuten.*

39,37 *FN (n)* Hippokrates] *Vgl. Corpus Hippocraticum, Epidemien III, 3, 17 (Littré III, 134), Haller (1769–1774), Bd 1, S. 161 f.*

39,40 *FN (n)* Delirium] *Wörtlich „Erschütterung des Geistes“; der griechische Ursprungsbegriff* parakopé *meint Verrücktsein; vgl. Corpus Hippocraticum, Aphorismen VI, 26 (ed. Littré IV, 570 f.); Haller (1769–1774), Bd 1, S. 488.*

41,12 tyrannischer Mahner] *Bezeichnung für die Stimme des Gewissens, im 19. Jahrhundert als Metapher gebräuchlich; vgl. E. Anthony Rotundo, Boy Culture: Middle-Class Boyhood in Nineteenth-Century America. In: Mark C. Carnes, Clyde Griffen (Hrsg.): Meanings for Manhood. Chicago: Chicago University Press, 1990, S. 15–36, hier 28.*

41,12 aus Erde erzeugt wurde und zur Erde zerfallen wird] *Zitat Genesis 3, 19.*

41,41 *FN (o)* Abhandlung] *Johann Gottfried Brendel: De abscessibus per materiam et ad nervos (Respondens: Georg August Heinrich). Göttingen: Elias Luzac, 1755.*

43,1 Hauptwege] *via prima: Bezeichnung der Säftelehre für den Magen-Darm-Trakt als Ort der ersten Verdauung der aufgenommenen Nahrung zu Chylus (gefolgt von der digestio secunda in der Leber).*

43,22 Peruvianische Rinde] *Rinde vom ‚Chinarindenbaum‘ (Gattung Chinchona), die chininhaltig ist und fiebersenkend wirkt; die Bäume wurden zunächst in Bergregionen des nördlichen Südamerikas (u. a. Peru) gefunden.*

43,22 Vitriolsäure] *Aus Vitriolen (Metallsulfaten) hergestellte Schwefelsäure.*

43,26 Delphisches Schwert] *Allzweckwaffe, Panazee; nach Erasmus von Rotterdam (Adagia 2, 3, 69) eine Waffe, die sowohl zum Schlachten von Opfertieren als auch für eine Hinrichtung Verwendung findet. Sydenham benutzt die Metapher in seinen ‚Observationes medicae‘ (IV, 3; ed. London: Walter Kettilby, 1676, S. 256) allerdings im Blick auf Dysenterien (Durchfallerkrankungen).*

43,30 *FN (p)* Wenn es aber *bis* verhinderte.] *Das umfangreiche Sydenham-Zitat (Observationes medicae I, 4; ed. London: Walter Kettilby, 1676, S. 37 f.) findet sich wörtlich bei Brendel (1754, 23) und Consbruch (1759, 35 f.); s. Personenregister.*

45,6 Pflanzenreich] *Im 18. Jahrhundert noch übliche Bezeichnung, die auf die Einteilung der Natur in drei ‚regna‘ (Tiere, Pflanzen, Mineralien) anspielt.*

45,25 äußeren Geschwüren] *Abszeßbildung an der Haut, über die Krankheitsmaterie ausgestoßen wird (vgl. § 36) und die gegebenenfalls künstlich (s. § 27 und* **49,39**, *Spanischen Fliegen) erzeugt oder unterhalten wurde.*

45,34 Reiz *bis* hinstellt] *Unklare Stelle; evtl. muß* sistit *mit ‚festigt‘ übersetzt werden, dann würde der kontinuierliche Reiz der Galle im Magen-Darm-Trakt die Ausscheidung der Krankheitsstoffe über einen Hautausschlag (und damit die Krisis) verhindern.*

45,41 *FN (q)* Aphorismen] *Vgl. Corpus Hippocraticum, Aphorismen IV, 56 (ed. Littré IV, 522 f.); Haller (1769–1774), Bd 1, S. 478.*

47,18 ein schleichendes] *Febris* lenta *durch Chronifizierung eines akuten Prozesses, häufig auch mit Phthisis (Schwindsucht) verbunden oder gleichgesetzt; vgl.* **33,29** *dauerhafte* nachlassende Fieber.

47,18 Verlagerung] *Nach Vorstellung der Humoralpathologie ein Vorgang der Umsetzung von nicht (ausreichend) in einer Krise gekochter Krankheitsmaterie an einen anderen Ort des Körpers. Neu zu Schillers Zeit (Einfluß der neuropathischen Schule?) ist der Gedanke einer nicht materiellen* Metastase *über die Nerven im Sinne einer ‚nervösen‘ Folgeerkrankung. Der heute noch in der Onkologie gebräuchliche Begriff „Metastase" (Tochtergeschwulst infolge Verschleppung von Tumorzellen) hat damit nur noch entfernt zu tun.*

47,22 ein langes sich Hinschleppen] *Der Gräzismus* syrma *(eigentlich: Schleppe eines Gewands; vgl. § 36) wird in der Antike selten auch als Bezeichnung für eine chronische Hautkrankheit (ohne Bezug zu Fieber) verwendet; viel wahrscheinlicher (und für Schiller charakteristischer) ist die metaphorische Bedeutung ‚Tragödie‘.*

47,29 Abartigkeit] *Wörtliche Übersetzung von ‚degeneratio‘, nach H. A. Pierer (Universal-Lexikon, Bd 4, ⁴Altenburg: Pierer, 1858, S. 797) krankhafte Umwandlung verschiedener Gewebe des Körpers; hier (und ebenso § 20) im Sinne der Humoraltheorie auf eine Flüssigkeit bezogen.*

47,32 Kränkungen] *Mit* injuriis *könnten auch körperliche Beschwerden gemeint sein; wahrscheinlicher sind im Kontext von* indignatio *und* ira *seelische Verletzungen; diese Interpretation paßt zur psychophysischen, ‚nervösen‘ Ätiologie des Faulfiebers (vgl. § 20). – Die Kasuistik findet sich mit wenigen Erweiterungen und einem nachfolgenden Kommentar abgedruckt in Consbruch 1778, 55–59; zur Deutung auf Schillers Mutter s. S. 69, Anm. 3.*

47,42 FN (r) Hippokrates] *Vgl. Corpus Hippocraticum, Aphorismen VII, 74 [!] (ed. Littré IV, 604 f.); Haller (1769–1774), Bd 1, S. 497. – Eine hippokratische Schrift ‚Prognostica et Prædictiones‘ ist nicht bekannt; gemeint sind mit der Angabe wahrscheinlich die in der Ausgabe von Haller (1769–1774, Bd 1) direkt aufeinander folgenden Schriften ‚Prognosticon‘ (S. 166–192) und ‚Praedictionum lib II.‘ (S. 193–227); alternativ ‚De Praedictionibus‘ in Bd 2 (S. 125–141).*

49,39 Spanischen Fliegen] *Aus zerstoßenen Käfern (Cantharides; heutige Bezeichnung Lytta vesicatoria) gewonnenes Medikament zur künstlichen Reizung und Eiterbildung der Haut, um die Ausstoßung von Krankheitsstoffen über die Körperoberfläche zu befördern.*

53,13 Würfelspiel] *In zeitgenössischen medizinischen Texten gelegentlich benutzter Ausdruck bei schweren Krankheiten mit offenem Ausgang.*

53,42 göttliche Greis] *Im 18. Jahrhundert häufig benutzter Titel für Hippokrates, der 85 bis 105 Jahre alt geworden sein soll und zugleich im 18. Jahrhundert als einer der wichtigsten Vertreter der ‚Alten‘ galt (s.* **27,36** *Sauerhonig der Alten).*

55,11 Hippokrates, Aretaeus, Alexander und Aurelian] *Die Reihenfolge der genannten Autoren weist unmittelbar auf Schillers Quelle für die ‚alten‘ Autoritäten, nämlich die Ausgabe Albrecht von Hallers (1769–1774).*

55,14 so oft gerühmte Arzt] *Anspielung auf Schillers Lehrer Johann Friedrich Consbruch.*

55,37 FN (s) weit verbreiteten Krankheiten] *Vgl. Corpus Hippocraticum, Epidemien III, 3, 15 (ed. Littré III, 100); Haller (1769–1774), Bd 1, S. 165 (die Textpassage steht in dieser vormodernen Ausgabe am Ende der Krankengeschichte 16, bei Littré dagegen in einem der mittleren Abschnitte des dritten Epidemienbuchs).*

55,38 *FN (t)* Hippokrates *bis* Brustfellentzündungsleiden] *Vgl. Corpus Hippocraticum, De morbis I, 11 und 12 (ed. Littré VI, 158–60); Haller (1769–1774), Bd 3, S. 29–33. – Aretaeus, De pleuritide, ed. Hude, CMG 2, S. 12–14 (Lib. I, 10); Haller (1769–1774), Bd 5, S. 15–17. – Alexander von Tralleis VI, 1, ed. Puschmann 2, 228–43; Haller (1769–1774), Bd 6, S. 215–24. – Caelius Aurelianus, II, 13 De pleuritica passione; ed. Bendz, CML 6, 1 (T. 1), S. 186–88; Haller (1769–1774), Bd 10, S. 124–26.*

57,1 ‚epidemisch'] *Hier im übertragenen Sinn auf die große Verbreitung von Fehlern in der Lebensweise (s.* **33,24** ‚Sechs nicht natürlichen Dinge') *bezogen.*

57,4 konsensual] *s.* **13,30** ‚idiopathische' *bis* ‚konsensuale'.

57,31 *FN (u)* Seite des Körpers] *Wörtliche Übersetzung; der zugrundeliegende Begriff* latus corporis *(‚Körperseite'; heute noch in der Bezeichnung ‚Seitenstechen' lebendig) aus der vormodernen lateinischen Übertragung von De morbis I, 26 (I, 11 bei Haller [1769–1774], Bd 3, S. 29; griech. ed. Littré VI, 192 f.) ist allerdings mißverständlich: Im altgriechischen Original steht jeweils das Wort ‚pleurón' (‚Brust'-, oder ‚Rippenfell'). Das Verständnis des Zitats vor dem Hintergrund vormodernen anatomischen Wissens ist schwierig.*

61,34 *FN (x)* Sydenham] *Ein separates Werk ‚De peste Londinensi' existiert nicht; allerdings enthielt die zweite Auflage des ‚Methodus curandi febres' von 1668 ein zusätzliches Kapitel über die Pest, das in Bd 1 der ‚Opera medica' Sydenhams (Genf 1769) in Sect. II, cap. 2 („Febris pestilentialis & Pestis annorum 1665 & 66"; S. 63–78) aufgenommen wurde.*

Personenregister

Aetius: Aëtios aus Amida, griech. Arzt und Schriftsteller der 1. Hälfte des 6. Jahrhunderts, studierte in Alexandreia und wurde später Hofarzt in Konstantinopel, verfaßte 16 in Vierergruppen *(Tetrabíblioi)* gegliederte Bücher über Medizin nach dem Vorbild des Oreibasios. § 23

Alexander: Alexandros von Tralleis, griech. Arzt um 565 n. Chr. verfaßte eine in 12 Büchern gegliederte Therapeutik, die galenisches Wissen mit praktischer Erfahrung kombinierte. § 33

Aretaeus: Aretaios von Kappadokien, griechischer Arzt, als Hippokratiker von pneumatischen Lehren beeinflußt; lebte vermutlich Mitte des 1. Jahrhunderts n. Chr., schrieb über Fieber und Chirurgie. Erhalten sind je vier Bücher Über akute und chronische Krankheiten und über die Therapie derselben (in der Hallerschen Ausgabe (1769–1774) finden sich je zwei Bücher über akute, über chronische, über die Therapie akuter und die Therapie chronischer Krankheiten; vgl. Fußnoten (d) und (t)). §§ 8, 33

Aurelianus: Caelius Aurelianus, vermutlich um 400 n. Chr. wirkender, hauptsächlich lateinisch schreibender Arzt aus Sicca Veneria (Nordafrika), orientierte sich an dem Methodiker Soranos von Ephesus (um 100 n. Chr.), auf dessen Vorlage offensichtlich auch eines seiner Hauptwerke, die acht Bücher *De morbis acutis et chronicis*, beruht. § 33

Boerhaave, Herman (1668–1738): Ab 1701 Hochschullehrer in Leiden (NL), zunächst für theoretische Medizin, Botanik und Chemie, später auch praktische Arzneiwissenschaft. Als „Lehrer von ganz Europa" (A. von Haller) und Reformator der medizinischen Ausbildung (Praxisbezug, Klinik als Lehr- und Forschungseinrichtung) etablierte er die „Medizin als neuzeitliche Erfahrungswissenschaft, die sich methodisch an der klassischen Mechanik Newtons etabliert." (R. Toellner). Eklektisch verband er Humorallehre mit Iatromechanik, -mathematik und -chemie. Seine Hauptwerke *Institutiones medicae* (1708) und *Aphorismi de cognoscendis et curandis morbis* (1709) wurden häufig kommentiert, u. a. durch Albrecht von Haller. §§ 7, 16

Brendel, Johann Gottfried (1712–1758): Aus Wittenberg stammend, dort Studium der Philosophie (insbesondere Mathematik) und Medizin; Schüler Albrechts von Haller; von 1738/39 bis zum Tod Professor in Göttingen (Vertreter der Iatrophysik und der neuropathischen Schule), einer der Lehrer Consbruchs und Autor von vier bei Schiller zitierten Quellen: *Observationum medicinalium fasciculum* [1. Teil: *Hemitritaeus*] (Respondens: Johann Heinrich Hofmeister). Göttingen: Vandenhoeck, 1740; *De lethargo* (Respondens: Benedikt Heinrich Loehr). Göttingen: Schultze, 1752; *De seriori usu evacuantium in quibusdam acutis* (Respondens: Friedrich August Schultze). Göttingen: Paul Christoph Hagen, 1754; *De abscessibus per materiam et ad nervos* (Respondens: Georg August Heinrich). Göttingen 1755. §§ 24, 26, 28, 38

Consbruch, Johann Friedrich (1736–1810): Studium der Medizin ab 1753 in Tübingen, Göttingen (bei Brendel) und Straßburg; Promotion zum Lizentiaten (*De febribus malignis*, Tübingen 1759); 1759–71 Stadt-Physikus in Vaihingen/Enz (vgl. Publikation über dort grassierende Epidemie in Kommentar zu **37,40**, FN (m)). Seit 1771 Mitglied der Leopoldina. 1772 ff. Praxis in Tübingen nach der Promotion zum Doctor medicinae; 1775/76–1794 Professor an der Carls-Schule, später -Akademie in Stuttgart (unterrichtete dort Geschichte und Enzyklopädie der Heilkunde, Physiologie, allgemeine Pathologie, Semiotik, allgemeine Therapie und Arzneimittellehre); seit 1780 Leibarzt Herzog Carl Eugens. Neben anderen Kasuistiken publizierte Consbruch (1778) den Fall der 40jährigen Frau mit Faulfieber, den Schiller mit wenigen Kürzungen in seine Fieberschrift übernahm. Praepositio, §§ 9, 15, 16, 22, 25, 32

Diemerbroeck, Ysbrand van (1609–1674): Studium der Philosophie und Medizin in Leiden und Angers. Arzt in Nijmegen während der Pest von 1636/37, an der etwa 6.000 Menschen starben; später Professor in Utrecht. Seine Schrift *De peste* (Utrecht: Jacob, 1646) wurde bis 1722 mehrfach nachgedruckt und ins Holländische und Englische übersetzt. § 38

Gaub, Hieronymus David (1708–1780): Schulische Bildung in Heidelberg und Halle, Medizinstudium in Harderwijk und Leiden, u. a. bei Boerhaave, dessen Nachfolger er als Professor für Chemie, später auch medizinische Pathologie wurde. Sein Hauptwerk *Institutiones pathologiae medicinalis* (Leiden: Luchtmans, 1758) wurde bis Ende des 18. Jahrhunderts intensiv rezipiert. § 13

Haller, Albrecht von (1708–1777): Schweizer Arzt, Naturforscher und Dichter. Medizinstudium in Tübingen, Leiden (bei Herman Boerhaave) und Basel; ab 1736 Professor für Anatomie, Chirurgie und Botanik in Göttingen; ab 1750 Mitglied der Leopoldina; 1753 Rückkehr in die Schweiz. Publizierte etwa 50.000 Seiten vorwiegend wissenschaftlichen Inhalts (insbes. Anatomie, Physiologie, Botanik, Geschichte der Medizin). In der Fieberschrift (§ 17) wird lediglich einmal seine Ausgabe (1769–1774) der antiken Autoritäten erwähnt, die Schiller gleichwohl häufig als Quelle benutzte.

Hewson, William (1739–1774). Student, später Assistent von William Hunter. Als Chirurg seit 1770 Mitglied der Royal Academy of London; isolierte erstmals Fibrin im Blut. Aus heutiger Sicht wichtigste Publikation: *An experimental inquiry into the properties of the blood* (London: Cadell, 1771). § 13

Hippokrates (5./4. Jahrhundert v. Chr.): Von der Insel Kos stammender griechischer Wanderarzt, der lange Zeit als Verfasser von etwa 70 im Corpus Hippocraticum vereinigten Schriften aus dem 5. bis 1. Jahrhundert v. Chr. galt. Die darin vertretene ‚hippokratische Medizin‘ basiert zum Teil auf vernunftgemäßer Naturbeobachtung (z. B. in Form genauer Beobachtung von Patienten, etwa in den *Epidemien* oder im *Prognostikon*) und auf dem sich entwickelnden spekulativen Konzept der Säfte- und Temperamentenlehre. Bereits in der Spätantike (z. B. bei dem Arzt Galen) und bei den frühneuzeitlichen Neohippokratikern (z. B. Thomas Sydenham) genoß Hippokrates u. a. als Projektionsfläche ihrer eigenen Ansichten hohes Ansehen. §§ 9, 15, 17, 22, 23, 28, 29, 32, 33, 34

Moscati, Pietro Conte (1739–1824): Seit 1764 Professor der Anatomie und Chirurgie in Pavia, ab 1772 der Geburtshilfe in Mailand, zugleich Direktor der Entbindungsschule und des Spitals Santa Catarina. Verfaßte u. a. die von Carl Heinrich Köstlin (Stuttgart: Metzler [!], 1780) in Deutsche übersetzte Schrift *Nuove Osservazioni ed esperienze sul sangue e su l'origine del calore animale* (in: Scelta di opuscoli interessanti tradotti da varie lingue. Vol. 16, Milano: Giuseppe Marelli, 1776, S. 97–128). § 13

Reuß, Christian Gottlieb (1742–1815): Studium der Medizin in Tübingen und Straßburg; seit 1774 Hofmedicus und Anstaltsarzt der Stuttgarter Militärakademie, unterrichtete dort Chemie, Naturgeschichte, Arzneimittellehre; publizierte neben seiner Dissertation *De scabie ovium* (Tübingen: Sigmundus, 1763) lediglich *Theses ad materiam medicam spectantes* (Stuttgart: Cotta, 1779; s. NA 41 II B). Praepositio, § 25

Santorio, Santorio (1561–1636): Medizinstudium und Promotion in Padua, dort seit 1611 Professor der theoretischen Medizin, bekannt für seine insgesamt 30 Jahre währenden exakten Versuche zur Bestimmung des Körpergewichts, die zur Erstbeschreibung der Perspiratio insensibilis (unsichtbare Absonderung von Wasser über Haut und Lungen) führten, erstmals publiziert in der *Ars Sanctorii Sanctorii [...] De medicina statica aphorismi* (Venedig: Polus, 1614). § 8

Sarcone, Michele (1731–1797): Studium der Medizin und Philosophie in Neapel; dort und zwischenzeitlich auch in Rom Tätigkeit als Arzt; bekannt durch seine Beschreibung der Epidemien Neapels, u. a. die dreiteilige *Istoria ragionata de' mali osservati in Napoli, nell' intero corso dell' anno 1764* (Neapel: Simoniana, 1765), die bereits 1770/72 ins Deutsche übersetzt wurde. § 25

Schmucker, Johann Leberecht (1712–1786): Ausbildung zum Chirurgen am Berliner Collegium medico-chirurgicum, preußischer Militärarzt u. a. unter Friedrich II.; 1774 Mitglied der Leopoldina. Publizierte *Chirurgische Wahrnehmungen* (Berlin: Friedrich Nicolai, 1774) und *Vermischte chirurgische Schriften* (3 Teile, Berlin: Nicolai, 1776–82). § 15

Stahl, Georg Ernst (1659–1734): Medizinstudium und Promotion in Jena; seit 1694 Professor an der neu gegründeten Universität Halle; 1700 Aufnahme in die Leopoldina; seit 1715 Präsident des Berliner Collegium medicum. Vertrat die psychodynamistische Vorstellung einer den Körper regierenden Seele und entwickelte im Bereich der Chemie die Phlogiston-Theorie, derzufolge alles Brennbare einen entzündlichen Stoff enthält, welcher bei der Verbrennung abgegeben wird. §§ 2, 8

Stoll, Maximilian (1742–1788): Theologische Ausbildung an jesuitischen Einrichtungen, dann Medizinstudium an den Universitäten Straßburg und Wien. Seit 1776 Arzt am Wiener Dreifaltigkeitshospital (ab 1784 Allgemeines Krankenhaus), unterrichtete Medizinstudenten und Wundärzte, publizierte als Hauptwerk eine vielbändige *Ratio medendi in nosocomio practico Vindobonensi* (Wien: Augustin Bernardi, 1777–1780), in der die epidemische Situation in Wien breite Darstellung findet. § 25

Sydenham, Thomas (1624–1689): Medizinstudium in Oxford, anschließend freie (d. h. weitgehend vom College of Physicians unabhängige) Praxis in London. Als erfolgreicher Praktiker studierte er vor allem die in London grassierenden Fieber-Epidemien (Masern, Scharlach, Pocken, Pest etc.), über die er möglichst exakt in nach Jahren gegliederten Publikationen (ab 1666 *Methodus curandi febres*, ab 1676 *Observationes medicae*) berichtete. Therapeutisch forderte er häufig Kuren mit Laudanum (Opium-Alkohol-Tinktur) und Chinarinde. Erst posthum wurde er als „englischer Hippokrates" berühmt. §§ 2, 8, 26, 27, 38

Glossar[1]

* Wort in klassischer Latinität nicht belegt (Lemmata ohne Markierung sind im Georges – s. u. – belegt)
° Wort hat andere Bedeutung als in klassischer Latinität

Zitierte Lexika/Wortliste:

Georges Georges, Karl Ernst: Ausführliches lateinisch-deutsches Handwörterbuch. Unveränd. Nachdr. der 8., verb. und verm. Aufl. von Heinrich Georges. 2 Bände, Darmstadt: Wissenschaftliche Buchgesellschaft, 2010.

Hoven Hoven, René: Lexique de la prose latine de la Renaissance / Dictionary of Renaissance Latin from prose sources. Deuxième édition revue et considérablement augmentée / Second, revised, and signifantly expanded edition. Avec la collaboration de / Assisted by L. Grailet. Traduction anglaise par / English translation by C. Maas. Revue par / Revised by K. Renard-Jadoul. Leiden/ Boston: Brill, 2006.

NLW Ramminger, Johann: Neulateinische Wortliste. Ein Wörterbuch des Lateinischen von Petrarca bis 1700. URL: www.neulatein.de.

*accessorius, -a, -um *hinzutretend, zusätzlich;* occasionales (sc. causae) -ae §§ 4, symptomata -ia 8
  Adjektivbildung zu accessus/accedere (s. Georges). Vgl. accessorie Adv. NLW.
*alcalinus, -a, -um *alkalisch, laugenhaft;* urinae alcalinae § 24
  Adjektivbildung zu alcali s. Hoven: (indécl.) *alkali, soda* ← arab.
anomalia, -ae f. *Regelwidrigkeit, Abweichung;* § 19
  < griech. ἀνωμαλία, ἡ.
*antiphlogisticus, -a, -um *entzündungshemmend;* methodo antiphlogistica § 37
  Vgl. phlogisticus.
*antisepticus, -a, -um *antiseptisch, keimtötend;* antiseptica virtus §§ 20, 37
  Kompositum aus anti- + griech. σῆψις, ἡ *Fäulnis.*
aphthae, -arum f. *Aphthen, Mundfäule;* § 24
  < griech. ἄφθαι, αἱ.
apostema, -atis n. *Geschwür;* § 18
  < griech. ἀπόστημα, ἡ.
*apyrexia, -ae f. *Apyrexie, Fieberlosigkeit;* § 17
  < griech. ἀπυρεξία, ἡ.
archiater, -tri m. *Leibarzt, Oberarzt;* Archiatri D. Consbruch; a. dominus D. Reuss Praepositio; peritissimus archiater D. D. Consbruch §§ 15, 25, 32, FN (k)
  < griech. ἀρχίατρος, ὁ.

---

[1]In dieses Verzeichnis wurden medizinische Termini, in den Lexika selten belegte Wörter sowie Neubildungen aufgenommen. Ein Eintrag besteht aus dem Lemma, der deutschen Übersetzung, der Stellenangabe (teilweise mit Kontext), ggf. Hinweisen auf ein Vorkommen in den verwendeten Lexika und Angaben zur Wortbildung oder zur Etymologie.

*associatio, -onis f. *gedankliche Verbindung;* ordo -ionis et rationis § 23
Nominalbildung zu associo, -are (s. Georges).

*belladonna, -ae f. *Tollkirsche;* § 20
Wissenschaftlicher Name: Atropa belladonna.

*carotis, -idis f. *Halsschlagader;* per carotides § 8
< griech. καρωτίδες, αἱ.

*carus, -i m. *tiefer Schlaf, Bewußtlosigkeit;* § 23
< griech. κάρος, ὁ.

*catarrhus suffocativus *Stickfluß;* § 15
Vgl. catarrhus (s. Georges). Vgl. suffocativus.

*catochus Aetii *Starrsucht nach Aetius;* § 23
< griech. κάτοχος, ἡ.

celeriusculus, -a, -um *ein wenig rascher;* pulsus -us § 30
Diminutiv zu Komparativ von celer.

*cessabilis, -e *träge;* -es cellulas § 5
Adjektivbildung zu cesso, cessare (s. Georges).

*chinatum, -i n. *Chinarinde;* decocta chinata §§ 27, martialibus chinatis 28, decoctum ch. 30

*chor(a)ea St. Viti *Veitstanz;* § 23
< St. Vitus, Schutzpatron der Tänzer.

*chylificus, -a, -um *Nahrungssaft bildend;* officina -ica § 19
Adjektivbildung zu chylos/chylus *Saft* (< griech. χυλός, ὁ). Vgl. NLW chylificatio *Verdauung durch Verflüssigung.*

*chylopoësis, -eos f. *Produktion von Nahrungssaft;* § 20
< griech. χυλοποίησις, ἡ.

*clysma, -atis f. *Klistier, Einlauf;* clysmatibus §§ 16, 27, clysmate 30, c. 30
< griech. κλύσμα, τό. Vgl. clysmus (s. Georges).

*cogitatrix, -icis Adj. f. *die denkt;* facultas c. § 23
Vgl. cogitator (s. Georges). Hoven: *which thinks, which imagines, which concerns the thought.*

*colatorium, -i n. *Pore;* colatoria occlusa §§ 11, laxiora colatoria 17
Im Mittellat. andere Bedeutungen (liturgische Geräte): *Sieb, Sieblöffel.*

*colatorius, -a, -um *Poren-;* ostiola colatoria § 8
Adjektivbildung zu colatorium.

*colliquamen, -inis n. *Verflüssigung, Flüssigkeit;* ichorosum c. §§ 20, 29
Vgl. colliquesco, -ere *flüssig werden* (s. Georges). Vgl. Hoven colliquo, -are *to make melt, to liquify.*

*coma, -ae f. *Koma;* coma tum vigil, tum somnolentum § 23
< griech. κῶμα, τό *tiefer Schlaf.*

*computrescentia, -ae f. *Fäulnisprozeß;* ob citam -tiam § 38
Nominalbildung zu computresco *verfaulen* (s. Georges).

convulsio, -ionis f. *Krampf;* FN (f)

*cortex peruvianus *peruvianische Rinde, Chinarinde;* §§ 27, 31

*defervescentia, -ae f. *Abbrausen, Ausgären, Abklingen;* ad extremam usque -am § 1
Nominalbildung zu defervesco *verwallen; auskochen* (s. Georges). Vgl. defervescere
§ 17. Vgl. effervescentia.

*degeneratio, -ionis f. *Abartigkeit, Entartung;* §§ 20, 30
Nominalbildung zu degener/degenerare (s. Georges).

*delicatulus, -i m. *armseliger Schlemmer, Genießer;* FN (c).
Diminutiv zu delicatus (s. Georges), mit pejorativer Bedeutung. Vgl. NLW: *blasiert.*
Hoven: 1. *quite voluptous,* 2. *quite delicate.*

delirium, -i n. *Delirium;* § 23

*depraedico, -are *(lobend) verkünden, rühmen;* §§ 27, 27, medicus depraedicatus 33
Hoven: *to tell, to proclaim, to praise.* NLW: *(lobend) verkünden.* Kompositum aus de
+ praedicare (s. Georges).

despumatio, -ionis f. *Abschäumung;* in peragenda despumatione FN (p)
Nominalbildung zu despumare (s. Georges).

diaphoresis, -is f. *Schweißabsonderung;* § 27
< griech. διαφόρησις, ἡ.

°diastole, -es f. *Diastole;* FN (e)
Georges: *Trennung(szeichen).* Hoven: *diastole.*
< griech. διαστολή, ἡ. Vgl. systole.

*digestrix, -icis Adj. f. *die verdaut;* facultas d. § 23
Vgl. digestor (s. Georges).

distentio, -ionis f. *Verzerrung, Krampf;* nervorum distentionibus § 20, convulsio aut d.
FN (f)

*effervescentia, -ae f. *Aufwallung;* sine omni effervescentia § 13
Nominalbildung zu effervesco, -ere *aufwallen* (s. Georges). Hoven: *seething, agitation.*
Vgl. defervescentia.

*emesis, -is f. *Erbrechen;* §§ 25, 26, 28
< griech. ἔμεσις, ἡ.

*euphoria, -ae f. *Wohlbefinden;* e. exoptata § 14
< griech. εὐφορία, ἡ.

°exacerbatio, -ionis f. *Verschärfung, Verschlimmerung;* exacerbationes antevertentes ac
diutius persistentes §§ 10, 17, 30, 35
Georges: *Erbitterung.*

*exacerbatiuncula, -ae f. *kleine Verschärfung;* exacerbatiunculae § 17
Diminutiv zu exacerbatio. Vgl. inflammatiuncula.

*exaestuatio, -ionis f. *Aufwallung, Aufloderung;* sub pathematum exaestuationibus § 20
Nominalbildung zu exaestuare (s. Georges).

*facies Hippocratica *Hippokratisches Gesicht (Beschreibung des Gesichts eines Sterbenden);*
§ 18
Definition in der hippokratische Schrift Prognostikon, c. 2.

*festucarum lectio *Halmesammeln, Flockenlesen;* § 22
Bezeichnet ein zitteriges und ruheloses Herumfingern in der Luft oder über der
Bettdecke. Kann in der Zeitphase vor dem Tod (Agonie) auftreten.

*flatulentia, -ae f. *Flatulenz, Blähsucht;* § 6. *Blähung;* §§ 8, 30, 34
NLW: *Blähung.*
Weiterbildung zu flatus (s. Georges).

°frigidiusculus, -a, -um *etwas kühler;* atmosphaera frigidiuscula § 27
Hoven: frigidiuscule *in quite a cold way.* Georges: *ziemlich matt.*
Diminutiv von Komparativ zu frigidus (s. Georges). Vgl. viridiusculus.

gangraena, -ae f. *Brand, Knochenfraß;* §§ 20, 38
< griech. γάγγραινα, ἡ.

*gangraenosus, -a, -um *ein fressendes Geschwür, Brand betreffend;* mors -osa § 18
Adjektivbildung zu gangraena.

gonorrhoea, -ae f. *Gonorrhoe, Samenfluß;* § 24
< griech. γονόρροια, ἡ.

*gravativus, -a, -um *beschwerend; Druck-;* lassitudo phlegmonoso-gravativa §§ 3, 34,
sensus -vus 18
NLW: *erschwerend.*
Weiterbildung des Partizips gravatus (zu gravo, -are s. Georges).

*haemoptois, -is f. *Blutspucken;* haemoptoen § 37
Vgl. haemoptois, -idis (s. Georges).
< griech. αἱμο- + πτύω. Vgl. griech. αἱμοπτοϊκός *Blut spuckend (s. Lexikon zur byzanti-*
nischen Gräzität, besonders des 9.–12. Jahrhunderts. Erstellt von Erich Trapp et al. Wien:
Verlag der Österreichischen Akademie der Wissenschaften, 1994 ff.).

haemorrhagia, -ae f. *Blutung;* haemorrhagiae profusae § 24
< griech. αἱμορραγία, ἡ.

haemorrhois, -idis f. *Hämorrhoide;* § 22
< griech. αἱμορροΐς, ἡ.

*halituosus, -a, -um *ausdünstend;* halituosus sudor § 17
Adjektivbildung zu halitus *Ausdünstung* (s. Georges).

horripilatio, -onis f. *Haarsträuben;* -ones vagae § 19
Nominalbildung zu horripilare (s. Georges).

hydrophobia, -ae f. *Hydrophobie, Wasserscheu;* § 23
< griech. ὑδροφοβία, ἡ.

hypochondria, -iorum n. *Bereich unter den (Rippen)Knorpeln, Bezeichnung für eine so-*
matopsychische Erkrankung; §§ 21, 30
< griech. ὑποχόνδρια, τά.

ichnographia, -ae f. *Grundriß, Entwurf;* utriusque morbi I. Praepositio
< griech. ἰχνογραφία, ἡ (s. Georges, NLW).

*ichorosus, -a, -um *eitrig;* ichorosum colliquamen § 20
Adjektivableitung < griech. ἰχώρ, τό *Eiter.*

*icterodis, -is *mit der Gelbsucht behaftet, gelbsüchtig;* oculi icterodes § 22
< griech. ἰκτερώδης. Vgl. ictericus, -a, -um (s. Georges).

*inflammatiuncula, -ae f. *geringfügige Entzündung;* ex innumeris inflammatiunculis § 38
Diminutiv zu inflammatio. Vgl. dolorculus *geringer Schmerz* NLW.
Vgl. exacerbatiuncula.

*inflammatorius, -a, -um *entzündlich;* febres inflammatoriae Titel; inflammatorium
  \<genus\> §§ 1, rhythmus 35
  Terminus seit dem 16. Jh. gebräuchlich.
  Adjektivbildung zu inflammo, -are *entzünden,* inflammatio *Entzündung* (s. Georges).

*insultus, -us m. *plötzlicher (Krankheits)Anfall;* primo insultu Praepositio; sub insultu
  maniae §§ 20, 21, 35
  Hoven: A) *assault, attack.* NLW: *Angriff.*
  Nominalbildung zu insilio, -ire *auf etwas springen, anfallen* (s. Georges).

*internecinus, -a, -um *tödlich;* morbos internecinos §§ 2, lypothymia -ina 15
  Hoven: which leads to a massacre, very bloody.
  Variante zu internecivus (s. Georges).

°iudicatio, -ionis f. *Krise;* post judicationem § 17
  Georges: *Untersuchung; Urteil.* Vgl. iudico.

°iudico, -are *Krise überstehen;* a febre liber, judicatus est § 17
  Georges: *untersuchen; urteilen.* Vgl. iudicatio.

*iugularis, -is, -e *Hals-;* venae iugulari sectae FN (g).
  Hoven: iugularia, -ae *jugular (vein).*
  Adjektivbildung zu iugulum (s. Georges). Vgl. vena iugularis.

*larynx, -yngis f. *Kehle;* § 22
  \< griech. λάρυγξ, -υγγος, ὁ/ἡ.

lethargus, -i m. *Lethargie, Schlafsucht;* § 23
  \< griech. λήθαργος, ὁ.

leucophlegmatia, -ae f. *Weißschleimkrankheit;* § 13
  \< griech. λευκοφλεγματία, ἡ.

*lochium, -i n. *Wochenfluß (nach einer Geburt);* lochia putrida § 20
  \< griech. λόχιος, -α, -ον zum *Gebären gehörend.*

*lypothymia, -ae f. *Lipothymie, Bewußtlosigkeit, Ohnmacht;* l. internecina §§ 15, 22
  Vgl. lipothymia NLW, Hoven.
  \< griech. λιποθυμία, ἡ.

melancholia, -ae f. *Melancholie, Schwermut;* § 23
  \< griech. μελαγχολία, ἡ.

*mesenterium, -i n. *Dünndarmgekröse;* § 38
  Hoven: *mesentery.*
  \< griech. μεσεντέριον, τό.

°metastasis, -is f. *Verlagerung;* §§ 30, 36
  Vgl. Charlton T. Lewis/Charles Short (ed.): A Latin Dictionary, founded on Andrews
  Edition of Freunds Latin Dictionary. Oxford/New York 1879: a rhet. fig. I. A refus-
  ing ... II. a passing over, transition.
  \< griech. μετάστασις, ἡ.

*meteorismus, -i m. *Blähsucht;* § 22
  \< griech. μετεωρισμός, ὁ *Erhebung.*

*miasma, -atos n. *Verunreinigung, Schmutz;* myasma §§ 2, miasmata 20
  \< griech. μίασμα, τό.

*miasmaticus, -a, -um *schmutzig, miasmatisch;* miasmatica pituita § 29
  Adjektivbildung zu miasma.

*miliaris, -e *hirseartig;* miliares papulae; miliares pustulae § 30.
Variante zu miliarius (s. Georges).

nosocomium, -ii n. *Krankenhaus;* in nosocomio academico Praepositio, §§ 23, 25
< griech. νοσοκομεῖον, τό.

*nostalgia, -ae f. *Heimweh;* § 20
Kompositum < griech. νόστος, ὁ *Heimkehr* + ἄλγος, τό *Schmerz.*

*obfarcio, -ire *vollstopfen;* vasa sanguine obfarciendo §§ 12, arteriae obfarctae FN (e)
Kompositum aus ob + farcio, -ire *(voll)stopfen* (s. Georges). Vgl. offarcinatus *vollgestopft*
(s. Georges).

*occasionalis, -is, -e *gelegentlich;* -es (sc. causae) §§ 4, 6, 34
Adjektivbildung zu occasio, -ionis *Gelegenheit.*

oeconomia, -ae f. Ökonomie; morborum oe. Praepositio.
< griech. οἰκονομία, ἡ *Verwaltung, Haushaltung.*

*oppletio, -ionis f. *Anfüllung;* cum summa vasorum oppletione FN (e)
NLW: *Vollsein.*
Nominalbildung zu oppleo, -ere (s. Georges).

*paraphrenitis, -idis f. *Paraphrenitis, abgemilderte Phrenitis;* § 23
< griech. παρά + φρενῖτις, ἡ. Vgl. phrenitis.

*pathema, -atis *Leiden;* sub pathematum exaestuationibus § 20
Hoven: pain.
< griech. πάθημα, τό.

peripneumonia, -ae f. *Peripneumonie, Lungenentzündung;* p. lethalis § 18
< griech. περιπνευμονία, ἡ.

pertango, -ere *ganz berühren, ganz ergreifen;* ad statum pertigisse § 10

*pharynx, -yngis f. *Rachen;* § 22
< griech. φάρυγξ, -υγγος, ἡ.

*phlogisticus, -a, -um *entzündlich;* febrium phlogisticarum §§ 4, 8, 10, 13, 17, 18, 21,
22, 34
Adjektivbildung zu phlogosis.
Vgl. auch antiphlogisticus.

*phlogosis, -is m. *Entzündung;* §§ 6, 13, 31, 32, 34, 35
< griech. φλόγωσις, ἡ.

phrenitis, -idis f. *Phrenitis, Gehirn- oder Zwerchfellentzündung;* §§ 20, 23
< griech. φρενῖτις, ἡ. Vgl. paraphrenitis.

*plethoricus, -a, -um *blutüberfüllt;* corporis plethorici § 17
Hoven: *plethoric.*
< griech. πληθωρικός.

*pleuresia, -ae f. *Pleuritis; Brustfellentzündung bzw. Rippen- oder Lungenfellentzündung;*
§ 15
Lat. Bildung < griech. πλευρά, ἡ *(Rippe).*

pleuriticus, -a, -um *die Pleuritis betreffend, pleuritisch;* crustam pleuriticam §§ 13, 14
< griech. πλευριτικός.

*punctorie Adv. *stechend;* § 8
Vgl. punctorium, -ii n. *Stecher* (s. Georges).

*pungitivus, -a, -um *stechend;* dolor § 34

    NLW: *stechend.*

    Adjektivableitung von pungo, -ere *stechen* (s. Georges).

°purpura, -ae f. *Blutfleckenkrankheit;* § 22. *Roter Friesel* p. rubra § 38

    Georges: *Purpurfarbe.*

*reanimo, -are *wieder anregen;* quae vim vitae … reanimet FN (i)

    = redanimo, -are (s. Georges).

*regurgito, -are *zurückströmen;* lochia regurgitantia § 20

    Hoven: *to reject, to drive back (a liquid) to the place from whence it came.*

    Vgl. regurgitatio *Zurückfließen* (s. NLW). Vgl. gurges, -itis *reißende Strömung* (s. Georges).

*rheum, -i n. *Rhabarber;* § 30

    Wissenschaftlicher Name: Rheum rhabarbarum.

*risus Sardonius *sardonisches Lachen, Gesichtskrampf;* § 23

    Hoven s. v. Sardonius, -a, -um: risus Sardonius *sardonic laughter.*

*Sanctorianus, -a, -um *von Santorio;* transpiratio Sanctoriana § 8

    Adjektivbildung zu Santorio (s. *Personenregister*).

scirrhus, -i m. *harte Geschwulst;* § 18

    = scirros (s. Georges).

    < griech. σκίῤῥος, ἡ.

*solutio critica *Lösung des Krankheitsfalls durch Krisis;* § 18

*soporosus, -a, -um *schläfrig;* soporose § 23

    Weiterbildung von soporus (s. Georges).

*sporadice Adv. *sporadisch, verstreut;* § 19

*sporadicus, -a, -um *sporadisch, verstreut;* -i natales § 19

    < griech. σποραδικός.

*Stahlianus, -a, -um *zu Stahl gehörend, von Stahl;* Stahliana Autocratia § 8

    Adjektivbildung zu Stahl (s. *Personenregister*).

*stasis, -is f. *Stockung;* stases §§ 2, 34, FN (i)

    < griech. στάσις, ἡ.

*stertor, -oris m. *Schnarchgeräusch, Schnarchen;* profundus §§ 18, moribundus 29

    Nominalbildung zu sterto, -ere *schnarchen* (s. Georges).

*subsultus, -us f. *Hüpfen;* tendinum subsultus § 8

    Hoven: hopping about.

    Nominalbildung zu subsulto, -are (s. Georges).

*succeler, -is, -e *etwas beschleunigt;* pulsum parvum et succelerem § 30

    Kompositum aus sub + celer (s. Georges).

*suffocativus, -a, -um *Erstickung verursachend;* catarrhus s. § 15

    NLW: *der zum Ersticken bringt:* catarrhus suffocatiuus, *Asthma.*

    Adjektivbildung zu suffoco, -are (s. Georges). Vgl. catarrhus suffocativus.

*suspirus, -a, -um *keuchend;* spiratio § 22

    Vgl. suspiriosus (s. Georges).

syncope, -es f. *Ohnmacht;* § 29

    < griech. συγκοπή, ἡ.

syringa, -ae f. *Rohr;* syringae ope; per Syringam § 30
    Nebenform zu syrinx, -ingis (s. Georges); < griech. σῦριγξ, ἡ.

°**syrma, -atis n.** *das sich Hinschleppen;* per longum febrium acutarum syrma §§ 30, longo
    syrmate 36
    Georges: *Schleppkleid, Talar, Tragödie.*
    < griech. σύρμα, τό *Schleppkleid; Ziehen, Schleifen.*

°**systole, -es f.** *Systole;* FN (e)
    Georges: *Verkürzung einer langen Silbe.* Hoven: *movement of the heart.*
    < griech. συστολή, ἡ. Vgl. diastole.

*****tendo, -inis** *Sehne;* tendinum subsultus §§ 8, 22
    Hoven: *tendon.*
    Nominalbildung zu tendo, -ere *spannen* (s. Georges).

tenesmodes, -es *dem Stuhlzwang ähnlich, schmerzhaften Stuhlgang betreffend;* diarrhoea t.
    § 22
    < griech. τεινεσμώδης.

tenesmos, -i m. *Stuhlzwang, schmerzhafter Stuhlgang;* § 30
    < griech. τεινεσμός, ὁ.

*****thrombus, -i m.** *Blutpfropf;* thrombi venarum § 13
    < griech. θρόμβος, ὁ.

*****timidulus, -a, -um** *etwas furchtsam;* Praepositio
    (Georges: Adv. timidule *etwas furchtsam*). NLW: *etwas ängstlich.* Hoven: *quite shy,*
    quite timorous.
    Diminutiv zu timidus.

*****transsudo, -are** *hindurchschwitzen, ausschwitzen;* humores per laxiora colatoria trans-
    sudant § 17
    Kompositum aus trans + sudare *schwitzen* (s. Georges).

*****tympanitis, -itidis f.** *Trommelwassersucht;* § 22
    = tympanites, -ae m. (s. Georges).
    < griech. τυμπανίτης, ὁ.

*****urticatus, -a, -um** *Nessel-;* febris urticata § 38
    Adjektivbildung zu urtica, -ae *(Brenn)nessel* (s. Georges).

*****valdopere Adv.** *erheblich, sehr;* § 5
    NLW: *sehr.*
    Kompositum aus valde + opere; Analogiebildung zu magnopere (s. Georges).

valvula, -ae f. *Klappe, Ventil;* valvula coli § 25
    = valvolae, -arum *Scheiden, Schoten der Hülsenfrüchte (gleichs. die Doppelklappen)* (s.
    Georges). Hoven: *a valve.*
    Diminutiv zu valvae, -arum *Türflügel, Klapptür* (s. Georges).

*****vappesco, -ere** *schimmelig, säuerlich werden;* § 20
    Hoven: uapesco, -ere *to be passing its best (in reference to wine).*
    Verbalbildung zu vappa *umgeschlagener, schimmeliger Wein* (s. Georges).

*****vena iugularis** *Halsader, Drosselvene;* FN (g)
    Hoven: iugularia, -ae *jugular (vein).*
    Vgl. iugularis.

°**ventilator, -oris m.** *Lüftungsvorrichtung;* ope ventilatorum § 27

Georges: *Schwinger, Umstecher, Worfler; Taschenspieler; Beunruhiger; Antreiber.*

Nominalbildung zu ventilo, -are *lüften* (s. Georges).

*****vesicatorium, -i n.** *Blasenpflaster;* v. pectori impositum § 15

Weiterbildung zu vesica *Harnblase* (s. Georges).

*****viridiusculus, -a, -um** *grünlicher;* crustam viridiusculam FN (v)

Diminutiv von Komparativ zu viridis (s. Georges).

*****vomituritio, -onis f.** *Brechreiz;* § 19

NLW: *Brechreiz.*

Nominalbildung zu *vomiturio, -ire (s. Hoven: *to feel like vomiting*).

Printed in the United States
By Bookmasters